中等职业教育课程创新精品系列教材

单片机技术应用

主　编　谭　刚　魏培源　赵　刚
副主编　张化亮　张　尧　钟　伟
参　编　王永军　周立平　陶文娟　张海涛　牛　勇
　　　　吴凤玲　宋　倩　刘树远

北京理工大学出版社
BEIJING INSTITUTE OF TECHNOLOGY PRESS

内容简介

本教材按照单片机技能知识的递进由简单到复杂编写，分为入门篇、初级篇、中级篇、高级篇四部分。每一部分均由知识单元、技能训练两个章节组成，知识单元包含 13 个任务，设计为：以任务为主线，提出任务要求，认识和搭接电路，知识链接，程序的编写、编译和下载，程序仿真和学习评价与总结等 6 个环节。技能训练针对每个模块学习的基础知识进行总结和复习，同时对每个模块进行针对性的典型习题训练。

本书可作为中等职业院校电子技术应用专业的教材，也可作为相关行业的岗位培训教材及有关人员的自学用书。

图书在版编目(CIP)数据

单片机技术应用 / 谭刚，魏培源，赵刚主编. -- 北京：北京理工大学出版社，2023.4
ISBN 978-7-5763-2363-4

Ⅰ.①单…　Ⅱ.①谭…　②魏…　③赵…　Ⅲ.①单片微型计算机-中等专业学校-教材　Ⅳ.①TP368.1

中国国家版本馆 CIP 数据核字(2023)第 080535 号

责任编辑：张鑫星　　**文案编辑**：张鑫星
责任校对：周瑞红　　**责任印制**：边心超

出版发行 / 北京理工大学出版社有限责任公司
社　　址 / 北京市丰台区四合庄路 6 号
邮　　编 / 100070
电　　话 / (010) 68914026 (教材售后服务热线)
(010) 68944437 (课件资源服务热线)
网　　址 / http://www.bitpress.com.cn

版 印 次 / 2023 年 4 月第 1 版第 1 次印刷
印　　刷 / 定州市新华印刷有限公司
开　　本 / 889 mm×1194 mm　1/16
印　　张 / 10.5
字　　数 / 211 千字
定　　价 / 32.00 元

前言

中等职业教育的目标是培养适合企业用人要求的高素质劳动者和技术技能人才。因此，专业设置要与产业需求对接，课程内容要与职业标准对接，教学过程要与生产过程对接，其中教材建设是最关键的一环。

电子技术应用专业根据企业工作标准编写适用的教材；运用专用设备进行技能教学和技能训练；通过过程考核评价学生学习情况，考核要求参照企业及技能等级证书要求；同时提供学生自主学习的在线教学资源。为了满足以上要求，我们按照“课程体系模块化，学习任务逻辑化，课岗对接无缝化”理念，将“电工技术基础与技能”“电子技术基础与技能”“电机与电气控制”“电工电子仪器测量”“电子 CAD”“单片机技术及应用”“PLC 控制技术”“电子装配与调试”等 8 门核心课程整合，重构为 PCB 设计、电子装配与调试、维修电工、钳工、单片机编程与安装调试、PLC 编程与安装调试等 6 个教学模块，并配套开发教材、教案、课件、微课等教学资源，真正实现学生培养与企业要求的“无缝对接”。

本教材按照单片机技能知识的递进由简单到复杂编写，分为入门篇、初级篇、中级篇、高级篇四部分。每一部分均由知识单元、技能训练两个章节组成，知识单元包含 13 个任务，设计为：以任务为主线，提出任务要求，认识和搭接电路，知识链接，程序的编写、编译和下载，程序仿真和学习评价与总结等 6 个环节。技能训练针对每个模块学习的基础知识进行总结和复习，同时对每个模块进行针对性的典型习题训练。教材的编写着重体现以下特色：

1. 学习目标任务化

学习目标即工作任务，既适应企业需求，又充分考虑学校实习实训实际，还能充分体现出职业能力培养的综合要求。

2. 课程内容模块化

课程内容的模块化体现在，每个学习任务的内容都是相对独立的模块，既有技能操作，也有知识学习；每个学习任务的内容虽相互独立但又具有内在的联系，由简到繁逐步递进，体现了单片机知识的综合性。

3. 学习过程行动化

任务式的学习引领学生的行动。每一个学习任务都要学生完成从“接受工作任务、收集信息、制定任务实施方案、任务实施、知识拓展、评价总结”这一完整的工作过程。只有亲身经历解决问题的全过程，才能够锻炼学生的综合职业能力。

4. 评价反馈过程化

任务实施的每一步均需要学生分析任务完成或未完成的原因，学习过程中的评价可帮助学生获得总结、反思及自我反馈的能力。

建议学时为 120 学时，在实施教学过程中采用理实一体化教学。各部分学时分配如下：

模块		内容	学时
模块一　单片机的硬件和软件（入门篇）	知识单元	任务一　认识单片机	3
		任务二　C 语言及 Keil 使用	5
		任务三　Proteus 仿真软件简介	5
	技能训练	任务一　MC51 硬件及 Keil 的编程	3
		任务二　Proteus 仿真软件应用	3
模块二　发光二极管的控制（初级篇）	知识单元	任务一　延时小灯的控制	8
		任务二　红绿灯控制	8
		任务三　花样小灯控制	8
		任务四　按键控制小灯	8
	技能训练	编程仿真	4
模块三　数码管的控制（中级篇）	知识单元	任务一　舞台灯光控制	8
		任务二　10 s 倒计时的设计	8
		任务三　可设定初始值的倒计时	8
	技能训练	编程仿真	3
模块四　数码管和键盘的控制（高级篇）	知识单元	任务一　用矩阵键盘设定初始值的倒计时	8
		任务二　99 s 精确倒计时	8
		任务三　数字钟的设计	8
	技能训练	编程仿真	4
机动			10
合计			120

本教材由临朐县职业教育中心谭刚、魏培源、赵刚担任主编；由临朐县职业教育中心张化亮、张尧，高密市职业教育发展集团钟伟担任副主编；由临朐县职业教育中心王永军、周立平、陶文娟、张海涛、牛勇、吴风玲、宋倩，山东鲁沂机电科技有限公司刘树远担任参编。

由于编者水平有限，书中不妥在所难免，为进一步提高本书的质量，欢迎广大读者提出宝贵的意见和建议，反馈邮箱 lqwpy@ 163. com。

编　者

目录

模块一

单片机的硬件和软件（入门篇）

第一章　知识单元

任务一　认识单片机

思维导图

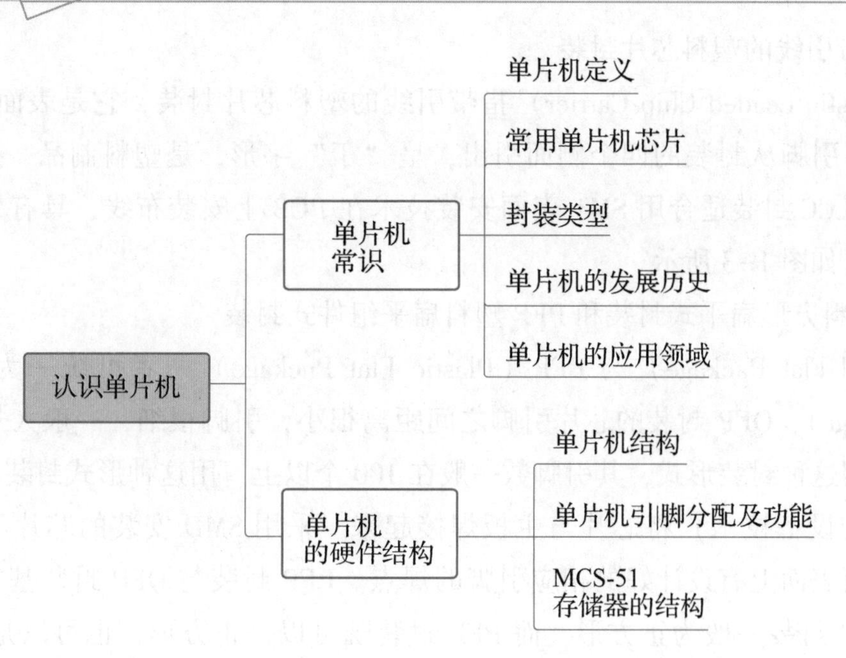

一、单片机常识

1. 单片机定义

单片机是指一个集成在一块芯片上的完整计算机系统。尽管它的大部分功能集成在一块小芯片上，但是它具有一个完整计算机所需要的大部分部件：CPU、内存、内部和外部总线系统，目前大部分还会具有外存。同时集成诸如通信接口、定时器、实时时钟等外围设备。而现在最强大的单片机系统甚至可以将声音、图像、网络、复杂的输入/输出系统集成在一块芯片上。

单片机也被称为微控制器，是因为它最早被用在工业控制领域。单片机由芯片内仅有 CPU 的专用处理器发展而来。最早的设计理念是通过将大量外围设备和 CPU 集成在一个芯片中，使计算机系统更小，更容易集成进复杂的而对体积要求严格的控制设备当中。INTEL 的 Z80 是最早按照这种思想设计出的处理器，从此以后，单片机和专用处理器的发展便分道扬镳。

2. 常用单片机芯片

常用单片机芯片如图 1-1 所示。

3. 封装类型

1）DIP 双列直插式封装

DIP（Dual In-line Package）是指双列直插式封装，绝大多数中小规模集成电路（IC）均采用这种封装形式，其引脚数一般不超过 100 个。采用 DIP 封装的 CPU 芯片有两排引脚，需要插入具有 DIP 结构的芯片插座上。当然，也可以直接插在有相同焊孔数和几何排列的电路板上进行焊接。DIP 封装如图 1-2 所示。

图 1-1　常用单片机芯片

2）PLCC 带引线的塑料芯片封装

PLCC（Plastic Leaded Chip Carrier）指带引线的塑料芯片封装，它是表面贴型封装之一，外形呈正方形，引脚从封装的四个侧面引出，呈“丁”字形，是塑料制品，外形尺寸比 DIP 封装小得多。PLCC 封装适合用 SMT 表面安装技术在 PCB 上安装布线，具有外形尺寸小、可靠性高等优点，如图 1-3 所示。

3）QFP 塑料方形扁平式封装和 PFP 塑料扁平组件式封装

QFP（Quad Flat Package）与 PFP（Plastic Flat Package）两者可统一为 PQFP（Plastic Quad Flat Package），QFP 封装的芯片引脚之间距离很小，引脚很细，一般大规模或超大规模集成电路都采用这种封装形式，其引脚数一般在 100 个以上。用这种形式封装的芯片必须采用 SMD（表面安装设备技术）将芯片与主板焊接起来。采用 SMD 安装的芯片不必在主板上打孔，一般在主板表面上有设计好的相应引脚的焊点。PFP 封装与 QFP 封装基本相同，它们唯一的区别是 QFP 封装一般为正方形，而 PFP 封装既可以是正方形，也可以是长方形。PQFP 封装如图 1-4 所示。

图 1-2　DIP 封装

图 1-3　PLCC 封装

图 1-4　PQFP 封装

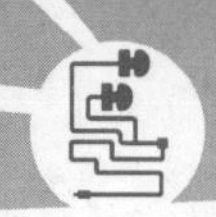

4. 单片机的发展历史

单片机诞生于20世纪70年代末，经历了SCM、MCU、SoC三大阶段。

SCM即单片微型计算机（Single Chip Microcomputer）阶段，主要是寻求最佳的单片形态嵌入式系统的最佳体系结构。“创新模式”获得成功，奠定了SCM与通用计算机完全不同的发展道路。在开创嵌入式系统独立发展道路上，Intel公司功不可没。

MCU即微控制器（Micro Controller Unit）阶段，主要的技术发展方向是：不断扩展满足嵌入式应用时，对象系统要求的各种外围电路与接口电路，突显其对象的智能化控制能力。它所涉及的领域都与对象系统相关，因此，发展MCU的重任不可避免地落在电气、电子技术厂家。从这一角度来看，Intel逐渐淡出MCU的发展也有其客观因素。在发展MCU方面，最著名的厂家当数Philips公司，该公司以其在嵌入式应用方面的巨大优势，将MCS-51从单片微型计算机迅速发展到微控制器。因此，当我们回顾嵌入式系统发展道路时，不要忘记Intel和Philips的历史功绩。

单片机是嵌入式系统的独立发展之路，向MCU阶段发展的重要因素，就是寻求应用系统在芯片上的最大化解决；因此，专用单片机的发展自然形成了SoC化趋势。随着微电子技术、IC设计、EDA工具的发展，基于SoC的单片机应用系统设计会有较大的发展。因此，对单片机的理解可以从单片微型计算机、单片微控制器延伸到单片应用系统。

5. 单片机的应用领域

单片机的应用如图1-5所示。

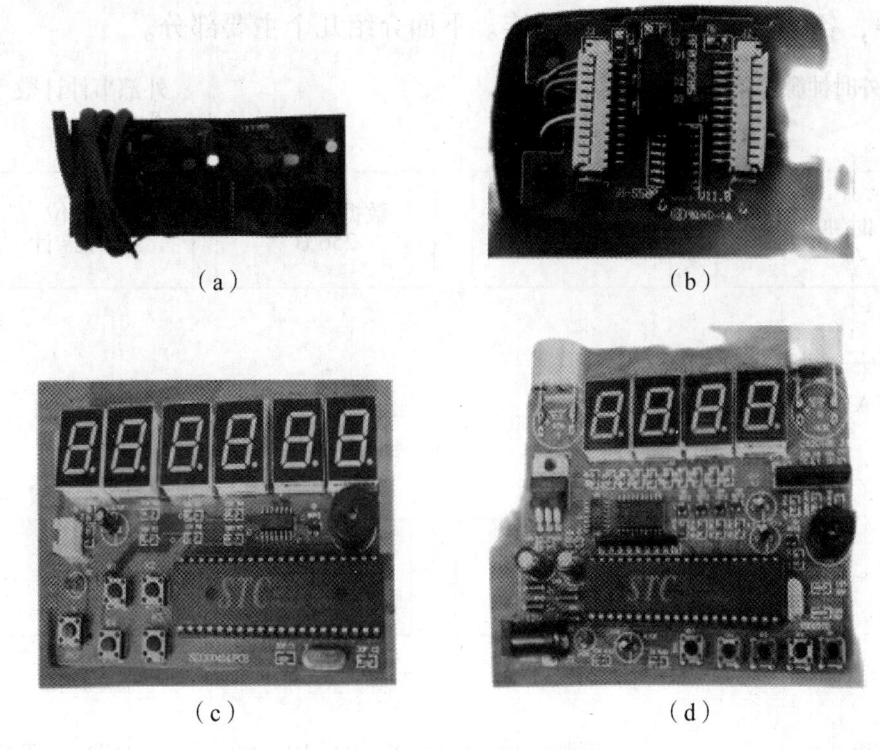

（a） （b）

（c） （d）

图1-5 单片机的应用

（a）一款洗衣机微电脑电路控制板；（b）单片机在智能手机中的应用；

（c）6位数码电子时钟；（d）超声波测距仪

二、单片机的硬件结构

1. 单片机结构

AT89S51是一个低功耗、高性能CMOS 8位单片机，片内含4 KB ISP（In-System Programmable）的可反复擦写1 000次的Flash只读程序存储器，器件采用ATMEL公司的高密度、非易失性存储技术制造，兼容标准MCS -51指令系统及80C51引脚结构，芯片内集成了通用8位中央处理器和ISP Flash存储单元，功能强大的微型计算机的AT89S51可为许多嵌入式控制应用系统提供高性价比的解决方案。

AT89S51具有如下特点：40个引脚，4 KB Flash片内程序存储器，128 B的随机存取数据存储器（RAM），32个外部双向输入/输出（I/O）口，5个中断优先级2层中断嵌套中断，2个16位可编程定时计数器，2个全双工串行通信口，看门狗（WDT）电路，片内时钟振荡器。

此外，AT89S51设计和配置了振荡频率可为0 Hz并可通过软件设置省电模式。空闲模式下，CPU暂停工作，而RAM定时计数器、串行口、外中断系统可继续工作，掉电模式冻结振荡器而保存RAM的数据，停止芯片其他功能直至外中断激活或硬件复位。同时该芯片还具有PDIP、TQFP和PLCC等三种封装形式，以适应不同产品的需求。

图1-6所示为AT89S51单片机的基本组成功能方块图。由图1-6可知，在这一块芯片上，集成了一台微型计算机的主要组成部分，其中包括CPU、存储器、可编程I/O口、定时器/计数器、串行口等，各部分通过内部总线相连。下面介绍几个主要部分。

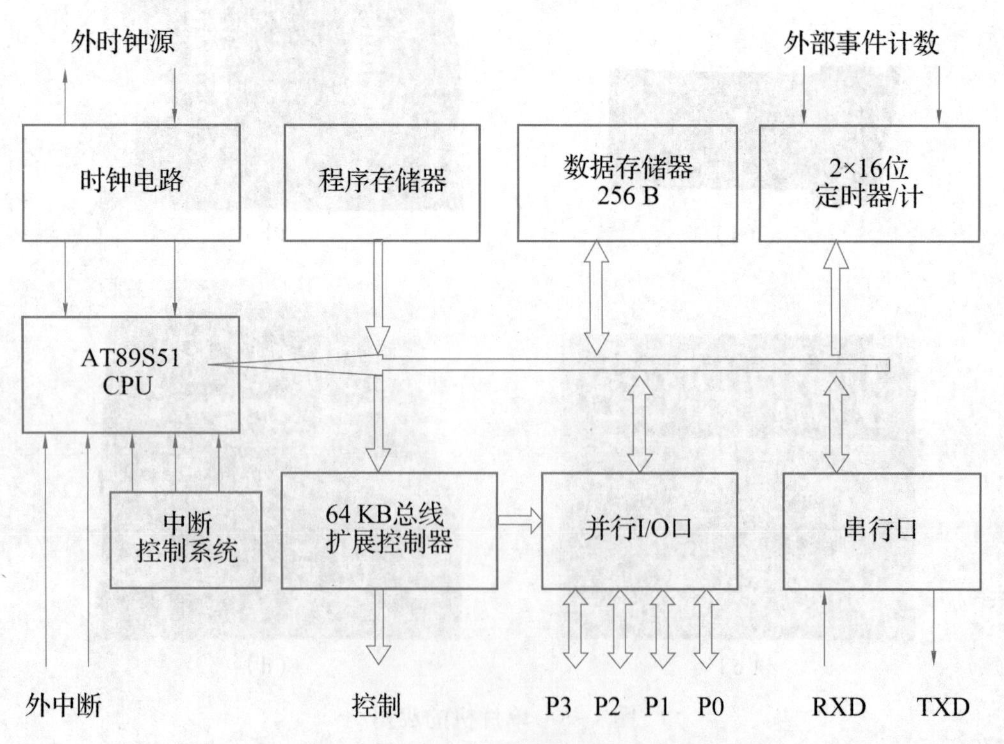

图1-6　AT89S51单片机的基本组成功能方块图

1）中央处理器（CPU）

中央处理器是单片机最核心的部分，是单片机的大脑和心脏，具有运算和控制功能。AT89S51 的 CPU 是一个字长为 8 位的中央处理单元，即它对数据的处理是按字节为单位进行的。

2）数据存储器（内部 RAM）

芯片中共有 256 B 的 RAM 单元，但其中后 128 个单元（80H~0FFH）被专用寄存器占用，能作为寄存器提供用户使用的只是前 128 个单元（00~7FH），用于存放可读写的数据。因此常说的内部数据存储器是指前 128 个单元，简称内部 RAM。

3）程序存储器（内部 ROM）

芯片内部有 4 KB 的掩膜 ROM，可用于存放程序、原始数据和表格等，因此称为程序存储器，简称内部 ROM。

4）定时器/计数器

出于控制应用的需要，芯片内部共有两个 16 位的定时器/计数器以实现定时或计数功能，并以其定时或计数结果对单片机进行控制。

5）并行 I/O 口

AT89S51 共有 4 个 8 位的 I/O 口（P0、P1、P2、P3 口），可以实现数据的并行输入/输出。

6）串行口

AT89S51 有 1 个全双工的可编程串行口，以实现单片机和其他设备之间的串行数据传送。该串行口功能较强，既可以作为全双工异步通信收发器使用，也可以作为同步移位寄存器使用。

7）中断控制系统

AT89S51 的中断系统功能较强，可以满足一般控制应用的需要。它共有 5 个中断源：2 个外部中断源/INT0 和/INT1；3 个内部中断源，即 2 个定时/计数中断，1 个串行口中断。

8）时钟电路

AT89S51 单片机芯片内部有时钟电路，但石英晶体和微调电容需要外接。时钟电路为单片机产生时钟脉冲序列，系统允许的最高晶振频率为 12 MHz。

9）内部总线

上述部件只有通过内部总线将其连接起来才能构成一个完整的单片机系统。总线在图中以带箭头的空心线表示。系统的地址信号、数据信号和控制信号分别通过系统的三大总线——地址总线、数据总线和控制总线进行传送，总线结构减少了单片机的连线和引脚，提高了集成度和可靠性。

由上所述，AT89S51 虽然是一块芯片，但它包括了构成计算机的基本部件，因此可以说它是一台简单的计算机。

2. 单片机引脚分配及功能

下面以 AT89S51 单片机为例来介绍单片机的引脚，如图 1-7 所示。

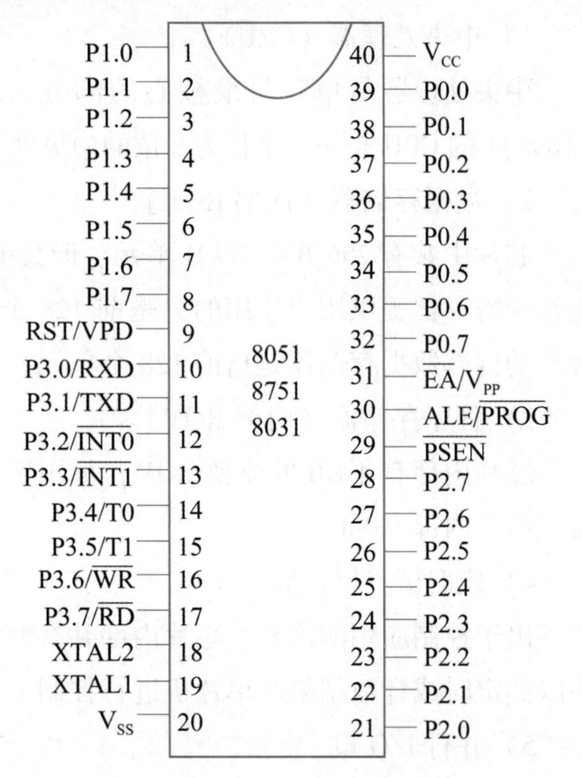

图 1-7 AT89S51 单片机的引脚

单片机的 40 个引脚大致可分为 4 类：电源、时钟、控制和 I/O 引脚。

1）主电源引脚

VCC（40）：电源+5 V 输入。

VSS（20）：GND 接地。

2）外接晶体或外部振荡器引脚 XTAL1（19）和 XTAL2（18）

外接晶振引脚。当使用芯片内部时钟时，这两个引脚用于外接石英晶体和微调电容；当使用外部时钟时，用于接外部时钟脉冲信号。

3）控制、选通或复用电源引脚

（1）ALE/$\overline{\text{PLOG}}$地址锁存控制信号（30）。在系统扩展存储器时，ALE 用来控制把 P0 口的输出作为低 8 位地址送入锁存器锁存起来，以实现低位地址和数据的隔离。当 ALE 是高电平时，允许地址锁存信号，当访问外部存储器时，ALE 信号负跳变（即由正变负），将 P0 口低 8 位地址信号送入锁存器；当 ALE 是低电平时，P0 口的内容和锁存器输出一致。非访问外部存储器期间，ALE 以 1/6 振荡频率输出，访问外部存储器时以 1/12 振荡频率输出。

$\overline{\text{PLOG}}$为编程脉冲输入端，对片内程序存储器进行编程时，此引脚输入编程脉冲。

（2）RST 复位信号（9）。当此引脚的输入信号维持两个机器周期以上高电平时即为有效，用以完成单片机的复位初始化操作，复位后程序计数器（PC）= 0000H，即复位后将从程序存储器的 0000H 单元读取第一条指令码。

（3）$\overline{\text{PSEN}}$（29）。在读外部 ROM 时$\overline{\text{PSEN}}$低电平有效，以实现外部 ROM 单元的读操作。内部 ROM 读取时，$\overline{\text{PSEN}}$不动作；外部 ROM 读取时，在每个机器周期会动作两次；外部 RAM 读取时，两个$\overline{\text{PSEN}}$脉冲被跳过不会输出；外接 ROM 时，与 ROM 的 OE 脚相接。

（4）$\overline{\text{EA}}$/Vpp 访问程序存储器控制信号（31）。接高电平时，CPU 读取内部程序存储器（ROM），当系统扩展了外部 ROM 时，若读取内部程序存储器超过内部程序存储器空间时，自动读取外部 ROM；接低电平时，CPU 只能读取外部程序存储器（ROM）。8031 单片机内部没有 ROM，在应用 8031 单片机时，这个引脚是一直接低电平的。8751 烧写内部 EPROM 时，利用此脚输入 21 V 的烧写电压。

本引脚复用为单片机的备用电源引脚，当外接电源下降到下限值时，备用电源就会经第二功能的方式由第 9 脚（即 RST/VPD）引入，以保护内部 RAM 中的信息不会丢失。

4）I/O 口引脚（32 个引脚）

4 个 8 位双向 I/O 口（P0、P1、P2、P3），每一条 I/O 线都能独立地作输入或输出。

（1）P0 口：（32~39）低 8 位地址/数据线复用或 I/O 口。

（2）P1 口：（1~8）常用的 I/O 口。

（3）P2 口：（21~28）常用 I/O 口或高 8 位地址线。

（4）P3 口：（10~17）双功能口。除作为 I/O 口使用外，还可以使用它的第二功能，如表 1-1 所示。

表 1-1　P3 口的功能及含义

口线	第二功能	功能含义
P3.0	RXD	串行数据接收
P3.1	TXD	串行数据发送
P3.2	$\overline{\text{INT0}}$	外部中断 0 申请
P3.3	$\overline{\text{INT1}}$	外部中断 1 申请
P3.4	T0	定时器/计数器 0 计数输入
P3.5	T1	定时器/计数器 1 计数输入
P3.6	$\overline{\text{WR}}$	外部 RAM 写选通
P3.7	$\overline{\text{RD}}$	外部 RAM 读选通

3. MCS-51 存储器的结构

MCS-51 系列单片机与一般微机的存储器配置方式不同。一般微机通常只有一个地址空间，ROM 和 RAM 可以随意安排在这一地址范围内不同的空间，即 ROM 和 RAM 的地址同在一个队列里分配不同的地址空间。CPU 访问存储器时，一个地址对应唯一的存储器单元，既可以是 ROM，也可以是 RAM，并用同类访问指令。此种存储器结构称为普林斯顿结构。

MCS-51 的存储器在物理结构上分为程序存储器空间和数据存储器空间，根据位置不同共有 4 个存储空间：片内程序存储器和片外程序存储器空间、片内数据存储器和片外数据存储器空间。这种程序存储器和数据存储器分开的结构形式，称为哈佛结构，但从用户使用的角度，MCS-51 存储器地址空间分为 3 类，如图 1-8 所示（数据后加 H 表示十六进制）。

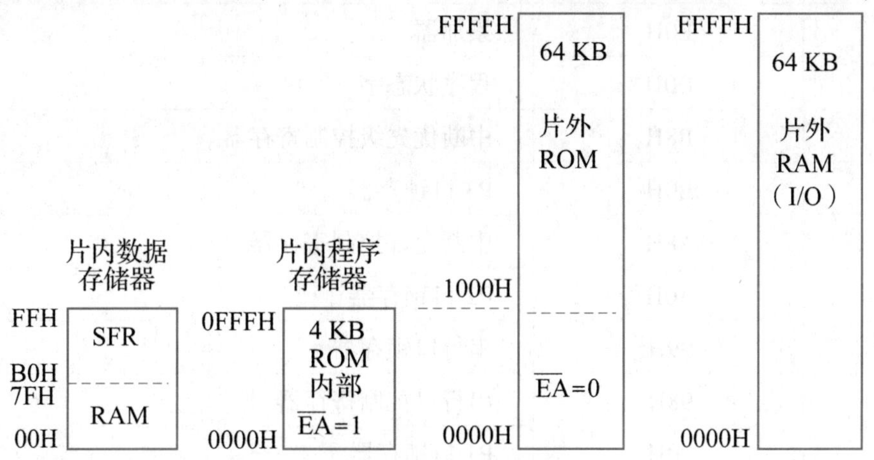

图 1-8　存储空间分布

（1）片内、片外统一编址的 64 KB 程序存储器地址空间（16 位地址）。

（2）64 KB 片外存储器地址空间。

（3）256 B 数据存储器地址空间（8 位地址）。

1）程序存储器地址空间

51 系列的单片机都具有容量为 4 KB/8 KB 的内部 ROM，一般不需要扩展外部 ROM。如果有特殊需要，才扩展外部程序存储器，片外最多可扩至 64 KB，片内外 ROM 统一编址。

当引脚 EA 接高电平时，单片机在片内 4 KB 范围执行程序；当程序超过 4 KB 后，就自动转向片外 ROM 中去取指令。

当引脚 EA 接低电平（接地）时，51 单片机片内 ROM 不工作，CPU 只能从片外 ROM 中取指令，这种接法特别适用于采用 8031 单片机的场合。由于 8031 片内不带 ROM，所以使用时必须使 EA=0，以便能够从片外扩展 ROM 中取指令。

2）数据存储器地址空间

数据存储器 RAM 用于存放运算的中间结果、数据暂存和缓冲、标志位等。数据存储器空间也分为片内和片外两大部分，即片内数据存储器和片外数据存储器。

片内数据存储器最大可寻址 256 个单元，它们又分为两个部分，低 128 B 是用户可以真正使用的 RAM 区，高 128 B 为特殊功能寄存器（SFR）区。

（1）低 128 B RAM。

单片机的这部分空间主要用来存放程序执行过程中用到的数据，是暂时存放的。在编写 C 语言程序时，若要用到大量的数组信息，应使用相关指令，将数组存放到程序存储器中。

（2）高 128 B RAM——特殊功能寄存器（SFR）。

8051 片内高 128 B 中，有 21 个特殊功能寄存器（SFR），它们离散地分布在 RAM 空间中，编写程序时用到它们，直接写特殊功能寄存器符号即可。这些特殊功能寄存器如表 1-2 所示（在 C 语言中，数据前面加 0X 表示十六进制）。

表 1-2　特殊功能寄存器

符号	地址	功能介绍
B	F0H	B 寄存器
ACC	E0H	累加器
PSW	D0H	程序状态字
IP	B8H	中断优先级控制寄存器
P3	B0H	P3 口锁存器
IE	A8H	中断允许控制寄存器
P2	A0H	P2 口锁存器
SBUF	99H	串行口锁存器
SCON	98H	串行口控制寄存器
P1	90H	P1 口锁存器

续表

符号	地址	功能介绍
TH1	8DH	定时器/计数器 1（高 8 位）
TH0	8CH	定时器/计数器 1（低 8 位）
TL1	8BH	定时器/计数器 0（高 8 位）
TL0	8AH	定时器/计数器 0（低 8 位）
TMOD	89H	定时器/计数器方式控制寄存器
TCON	88H	定时器/计数器控制寄存器
DPH	83H	数据地址指针（高 8 位）
DPL	82H	数据地址指针（低 8 位）
SP	81H	堆栈指针
P0	80H	P0 口锁存器
PCON	87H	电源控制寄存器

在 21 个特殊功能寄存器中，有 11 个具有位寻址能力，它们的字节地址正好能被 8 整除，其地址分布如表 1-3 所示（表中只给出有定义的位名称，每一位的位地址需要时，可以通过资料查询）。

表 1-3　51 单片机特殊功能寄存器 SFR 地址映象表

SFR 名称	符号	位地址/位定义名/位编号								字节地址
		D7	D6	D5	D4	D3	D2	D1	D0	
B 寄存器	B	F7H	F6H	F5H	F4H	F3H	F2H	F1H	F0H	F0H
累加器 A	ACC	E7H	E6H	E5H	E4H	E3H	E2H	E1H	E0H	E0H
		ACC. 7	ACC. 6	ACC. 5	ACC. 4	ACC. 3	ACC. 2	ACC. 1	ACC. 0	
程序状态字寄存器	PSW	D7H	D6H	D5H	D4H	D3H	D2H	D1H	D0H	D0H
		CY	AC	F0	RS1	RS0	OV	F1	P	
		PSW. 7	PSW. 6	PSW. 5	PSW. 4	PSW. 3	PSW. 2	PSW. 1	PSW. 0	
中断优先级控制寄存器	IP	BFH	BEH	BDH	BCH	BBH	BAH	B9H	B8H	B8H
					PS	PT1	PX1	PT0	PX0	
I/O 口 3	P3	B7H	B6H	B5H	B4H	B3H	B2H	B1H	B0H	B0H
		/RD	/WR	T1	T0	/INT1	/INT0	TXD	RXD	
		P3. 7	P3. 6	P3. 5	P3. 4	P3. 3	P3. 2	P3. 1	P3. 0	
中断允许控制寄存器	IE	AFH	AEH	ADH	ACH	ABH	AAH	A9H	A8H	A8H
		EA			ES	ET1	EX1	ET0	EX0	

续表

SFR 名称	符号	位地址/位定义名/位编号								字节地址
		D7	D6	D5	D4	D3	D2	D1	D0	
I/O 口 2	P2	A7H	A6H	A5H	A4H	A3H	A2H	A1H	A0H	A0H
		P2.7	P2.6	P2.5	P2.4	P2.3	P2.2	P2.1	P2.0	
串行数据缓冲器	SUBF									99H
串行控制寄存器	SCON	9FH	9EH	9DH	9CH	9BH	9AH	99H	98H	98H
		SM0	SM1	SM2	REN	TB8	RB8	TI	RI	
I/O 口 1	P1	97H	96H	95H	94H	93H	92H	91H	90H	90H
		P1.7	P1.6	P1.5	P1.4	P1.3	P1.2	P1.1	P1.0	
定时/计数器 1（高字节）	TH1									8DH
定时/计数器 0（高字节）	TH0									8CH
定时/计数器 1（低字节）	TL1									8BH
定时/计数器 0（低字节）	TL0									8AH
定时/计数器方式选择	TMOD	GATE	C/T	M1	M0	GATE	C/T	M1	M0	89H
定时/计数器控制寄存器	TCON	8FH	8EH	8DH	8CH	8BH	8AH	89H	88H	88H
		TF1	TR1	TF0	TR0	IE1	T1	IE0	TT0	
电源控制及波特率选择	PCON	SMOD				GF1	GF0	PD	IDL	87H
数据指针（高字节）	DPH									83H
数据指针（低字节）	DPL									82H
堆栈指针	SP									81H
I/O 口 0	P0	87H	86H	85H	84H	83H	82H	81H	80H	80H
		P0.7	P0.6	P0.5	P0.4	P0.3	P0.2	P0.1	P0.0	

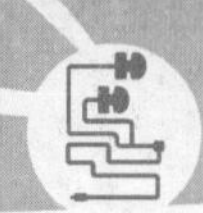

任务二　C 语言及 Keil 使用

思维导图

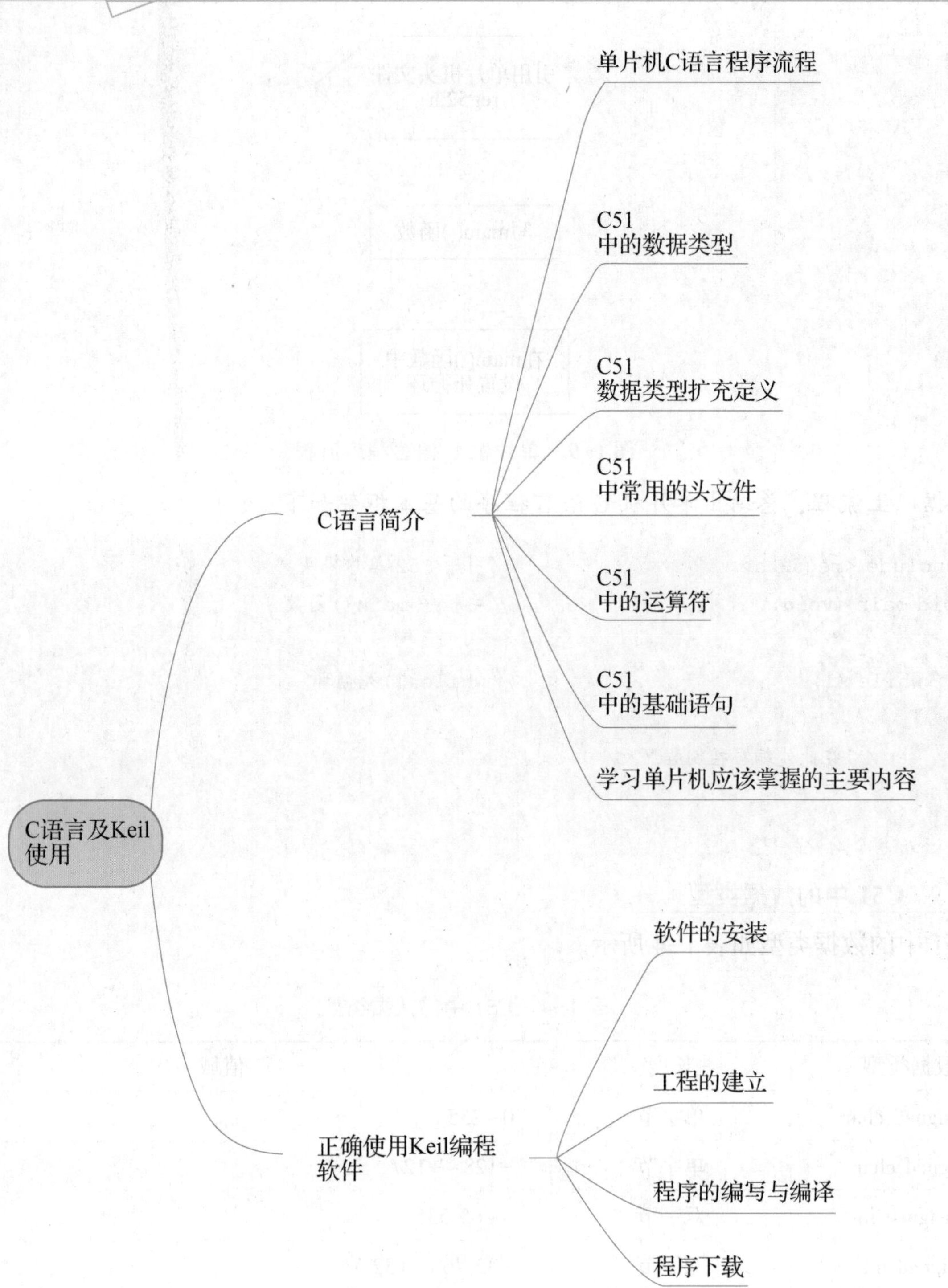

一、C 语言简介

1. 单片机 C 语言程序流程

单片机 C 语言程序流程如图 1-9 所示。

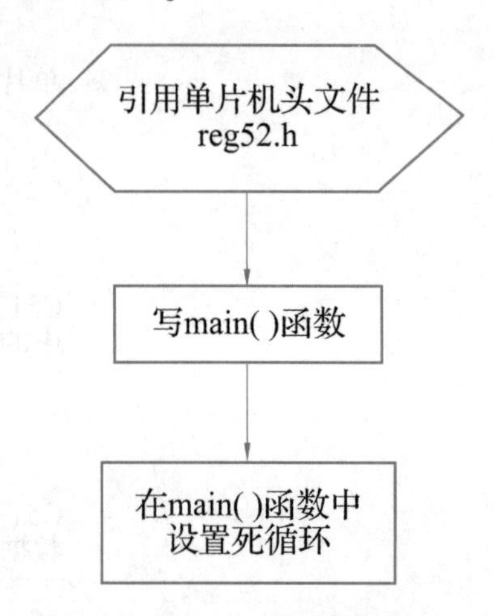

图 1-9　单片机 C 语言程序流程

根据以上流程，总结出单片机 C 语言程序的基本框架如下。

```
#include <reg52.h>                    //引用 S52 单片机头文件
void main (void)                      //主程序 main() 函数
{
    while (1)                         //while(1) 死循环
    {
        /* 在此处编写控制程序 */
    }
}
```

2. C51 中的数据类型

C51 中的数据类型如表 1-4 所示。

表 1-4　C51 中的数据类型

数据类型	长度	值域
unsigned char	单字节	0~255
signed char	单字节	-128~+127
unsigned int	双字节	0~65 535
signed int	双字节	-32 768~+32 767
unsigned long	四字节	0~4 294 967 295
signed long	四字节	-2 147 483 648~+2 147 483 647
float	四字节	$\pm1.175\,494\times10^{-38}$ ~ $\pm3.402\,823\times10^{38}$

续表

数据类型	长度	值域
*	1~3 字节	对象的地址
bit	位	0 或 1
sfr	单字节	0~255
sfr16	双字节	0~65 535
sbit	位	0 或 1

在 C 语言中，还有 short int、long int、signed short int 等数据类型，在单片机的 C 语言中，默认规则如下：short int 即 int；long int 即 long；前面若无 unsigned 符号则一律认为是 signed。

3. C51 数据类型扩充定义

单片机内部有很多的特殊功能寄存器，每个寄存器在单片机内部都分配有唯一的地址，一般人们会根据寄存器功能的不同给寄存器赋予各自的名称，当需要在程序中操作这些特殊功能寄存器时，必须在程序存储器的最前面将这些名称加以声明，声明的过程实际就是将这个寄存器在内存中的地址编号赋给这个名称，这样编译器在以后的程序中才可以认知这些名称所对应的寄存器。对于大多数初学者来说，这些寄存器的声明已经完全被包含在 51 单片机的特殊功能寄存器声明头文件“reg51. h”中了，完全可以暂不操作它。

sfr——特殊功能寄存器的数据声明，声明一个 8 位的寄存器。

sfr16——16 位特殊功能寄存器的数据声明。

sbit——特殊功能位声明，也就是声明某一个特殊功能寄存器中的某一位。

bit——位变量声明，当定义一个位变量时可使用此符号。

例如：

```
sfr SCON=0x98;
```

SCON 是单片机的串行口控制寄存器。这个寄存器在单片机内存中的地址位为 0x98。这样声明以后，在以后要操作这个控制寄存器时，就可以直接对 SCON 进行操作，这时编译器也会明白，实际要操作的是单片机内部 0x98 地址处的这个寄存器。而 SCON 仅仅是这个地址的一个代号或名称而已。当然，也可以定义成其他的名称。例如：

```
sfr16T2=0xCC;
```

声明一个 16 位的特殊功能寄存器，它的起始地址为 0xCC。

例如：

```
sbitT1=SCON^1;
```

SCON 是一个 8 位寄存器，SCON^1 表示这个 8 位寄存器的次低位，最低位是 SCON^0，SCON^7 表示这个寄存器的最高位。该语句的功能就是将 SCON 寄存器的次低位声明为 T1，以后若要对 SCON 寄存器的次低位操作，则可以直接操作 T1。

4. C51 中常用的头文件

头文件通常有 reg51. h、reg52. h、math. h、ctype. h、stdio. h、stdlib. h、absacc. h、intrins. h，但常用的却只有 reg51. h 或 reg52. h、math. h、absacc. h、intrins. h。reg51. h 和 reg52. h 是定义 51 单片机或 52 单片机特殊功能寄存器或位寄存器的，这两个头文件中大部分内容是一样的，52 单片机比 51 单片机多一个定时器 T2，因此，reg52. h 中也就比 reg51. h 中多几行关于 T2 寄存器的内容。

math. h 是定义常用数学运算的，比如求绝对值、求方根、求正弦和余弦等，该头文件中包含有各种数学运算函数，当需要使用时可以直接调用它的内部函数。

5. C51 中的运算符

C51 算术运算符、关系运算符、位运算符如表 1-5~表 1-7 所示。

表 1-5　C51 算术运算符

算术运算符	含　义	算术运算符	含　义
+	加法	++	自加
-	减法	--	自减
*	乘法	%	求余运算
/	除法		

表 1-6　C51 关系运算符

关系(逻辑)运算符	含　义	关系(逻辑)运算符	含　义
>	大于	!=	不等于
>=	大于或等于	&&	与
<	小于	||	或
<=	小于或等于	!	非
==	等于		

表 1-7　C51 位运算符

位运算符	含　义	位运算符	含　义
&	按位与	~	取反
|	按位或	>>	右移
^	异或	<<	左移

“/”用在整数除法中时，10/3=3；求模运算也是在整数中，如 10 对 3 求模即 10 当中含有多少个整数的 3，即 3 个。当进行小数除法运算时，需要这样写 10/3.0，它的结果是 3.333 333，

若写成 10/3，它只能得到整数而得不到小数，这一点一定要注意。

“%”求余运算，在整数中，如 10%3=1，即 10 当中含有整数倍的 3 取完后剩下的数即为所求余数。

“==”两个符号写在一起测试相等，即判断两个等号两边的数是否相等的意思，在写程序时再做详解。“！=”判断两个符号两边的数是否不相等。

6. C51 中的基础语句

C51 中的基础语句如表 1-8 所示。

表 1-8　C51 中的基础语句

语　句	类　型	语　句	类　型
if	选择语句	switch/case	多分支选择语句
while	循环语句	do/while	循环语句
for	循环语句		

7. 学习单片机应该掌握的主要内容

(1)单片机最小系统能够运行的必要条件包括：电源、晶振、复位电路。

(2)对单片机任意输入/输出口的操作包括：输出控制电平高低；输入检测电平高低。

(3)定时器：重点掌握最常用的方式 2。

(4)中断：掌握外部中断、定时器中断、串口中断。

(5)串口通信：掌握单片机之间的通信、单片机与计算机之间的通信。

二、正确使用 Keil 编程软件

单片机开发中除了必要的硬件及编程语言外，同样离不开计算机软件，可以将编写好的程序“写入”单片机芯片中。编写的 C 语言源程序翻译成 CPU 可以执行的机器码的过程称为编译。

当源程序被输入计算机后，就以一个文件的形式保存起来，要对这个文件进行编译，必须有相应的编译软件。在计算机上进行单片机编译的软件有很多，用于 MCS-51 单片机(以下简称为 51 单片机)的有早期的 A51，随着单片机开发技术的不断发展，从普遍使用汇编语言到逐渐使用高级语言开发，单片机的开发软件也在不断发展。Keil 软件是目前最流行的开发 51 系列单片机的软件，这从近年来各仿真机厂商纷纷宣布全面支持 Keil 软件即可看出来。

例：单片机点亮一只发光二极管。

1. 软件的安装

Keil 提供了包括 C 编译器、宏汇编、连接器、库管理和一个功能强大的仿真调试器等在内的完整开发方案，通过一个集成开发环境(μVision)将这些部分组合在一起。

安装 Keil C51 V8.05 完全汉化版，根据安装过程出现的提示，正确安装软件。

2. 工程的建立

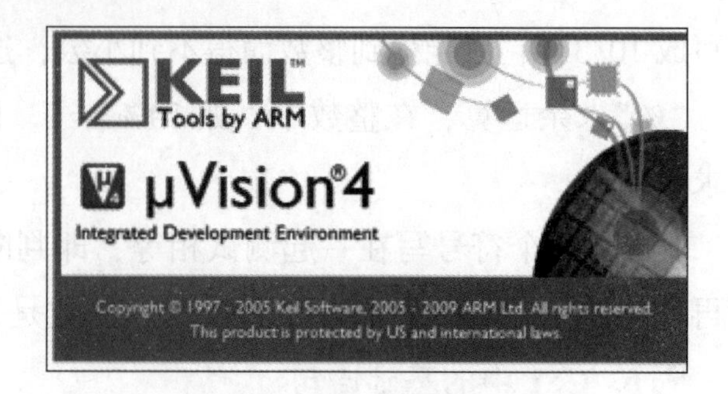

图 1-10　Keil 界面

首先启动 Keil 软件的集成开发环境，可以从桌面上直接双击 Keil µVision4 的快捷图标以启动该软件。

步骤 1：运行 Keil 软件。启动 Keil 后，其界面如图 1-10 所示。接着进入编辑界面，如图 1-11 所示。

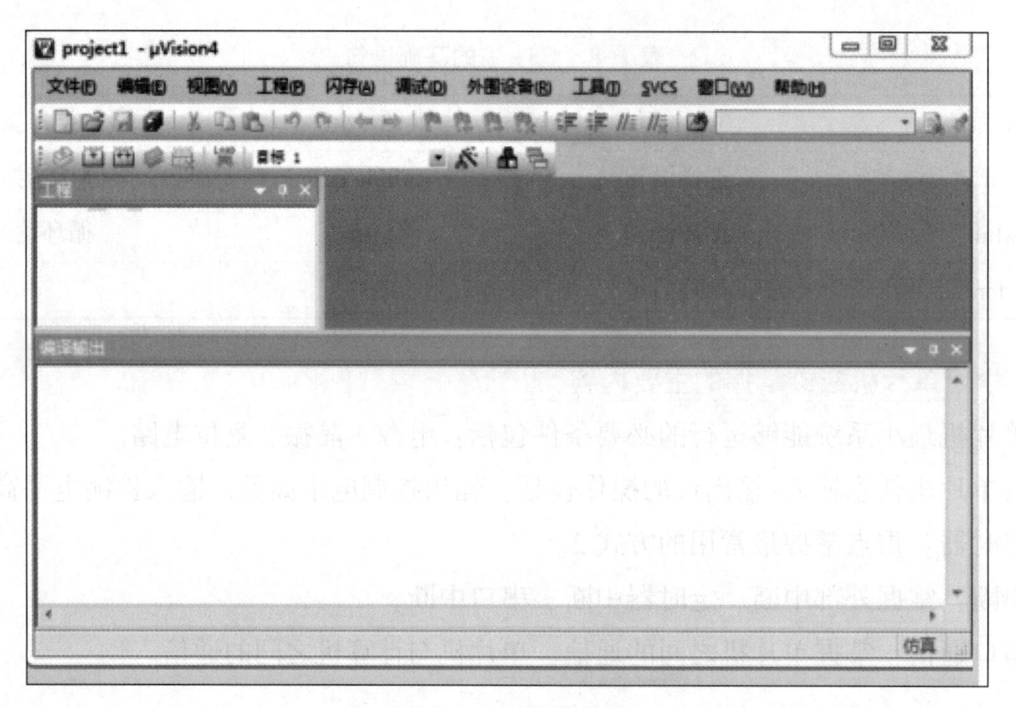

图 1-11　编辑界面

步骤 2：单击【Project】|【New µVision Project…】菜单项，如图 1-12 所示。

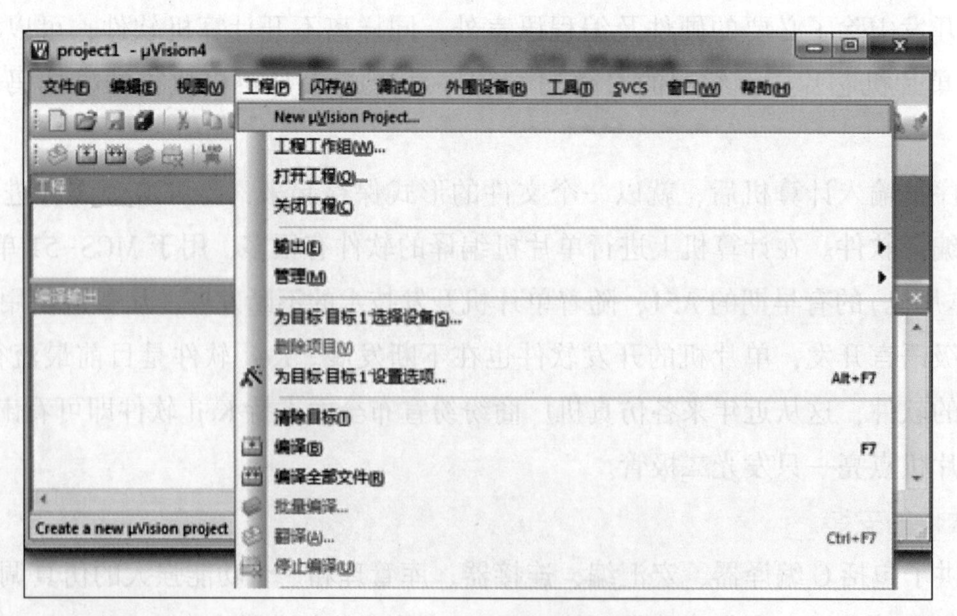

图 1-12　单击菜单项

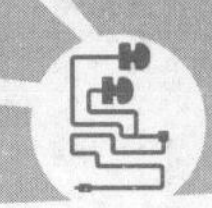

执行这个命令之后，屏幕弹出选择工程项目文件路径和文件名对话框，如图 1-13 所示。

图 1-13　选择工程项目文件路径和文件名对话框

步骤 3：输入工程保存的路径和文件名。Keil 的一个工程里通常含有很多个小文件，为了方便管理，通常将一个工程放在一个独立文件夹下。

举例说明如下：若想给新建的工程取名为 Project1_1，并保存在“桌面/新建文件夹(2)”目录下，则应该在建立工程之前，先在桌面上建一个名为“新建文件夹(2)”的文件夹，然后在“新建文件夹(2)”的文件夹下建一个名为“Project1_1”的文件夹。

有了以上的准备工作后，把新建的工程保存在“新建文件夹(2)”文件夹下，取名为 Project1_1，如图 1-14 所示，然后单击【保存】按钮。工程建立后，此工程名变为 Project1_1. uv2，这时会弹出一个对话框，要求用户选择单片机的型号，如图 1-15 所示。

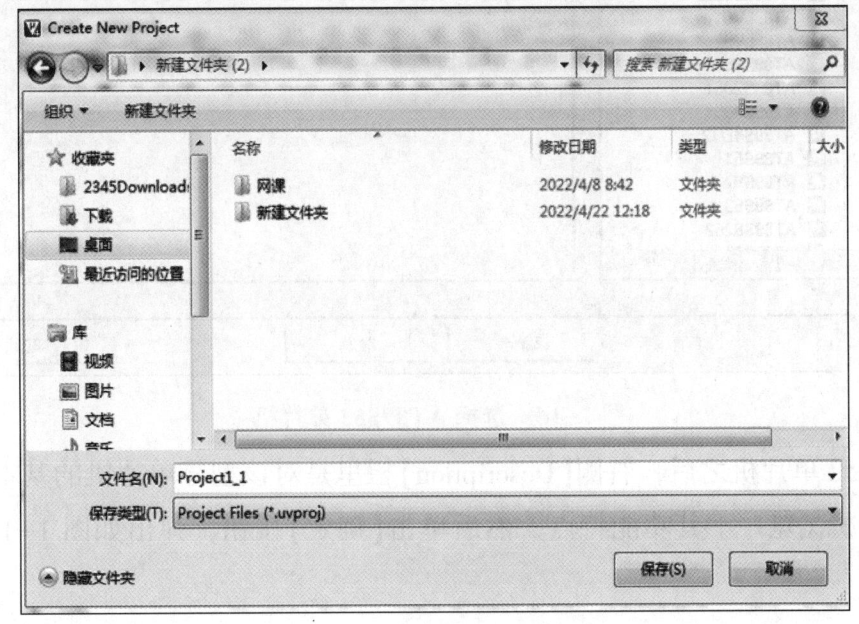

图 1-14　新建工程 Projectl_1

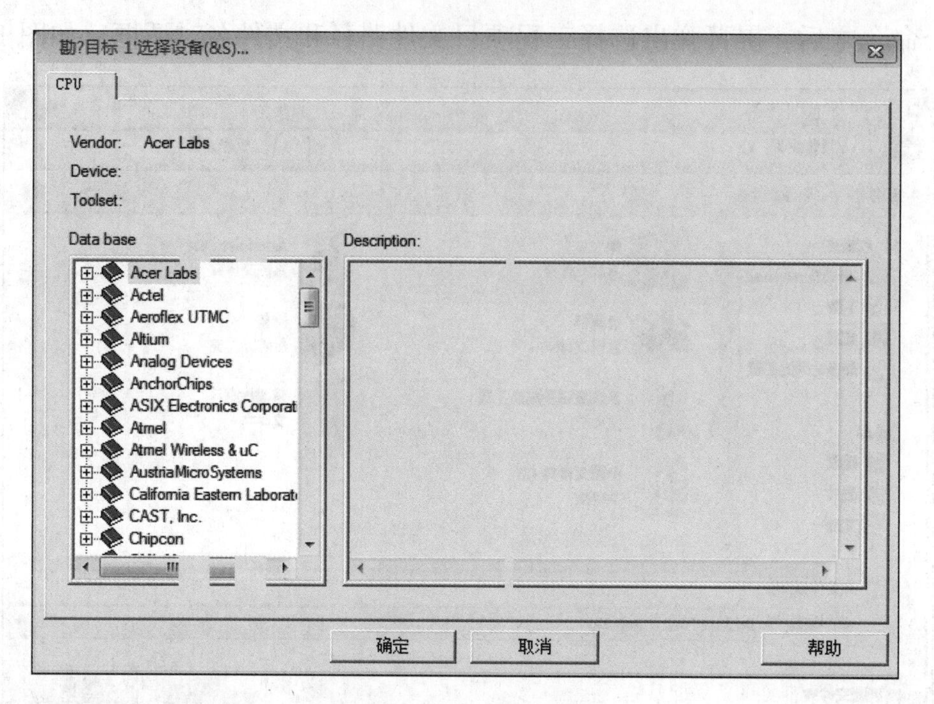

图 1-15 选择单片机型号

步骤 4：选择单片机型号。用户可根据使用的单片机来选择。Keil C51 几乎支持所有 51 内核的单片机，本书组合模块板上使用的单片机是 AT89S52。单击 Atmel 前的“+”号，找到 AT89S52 单片机，如图 1-16 所示。

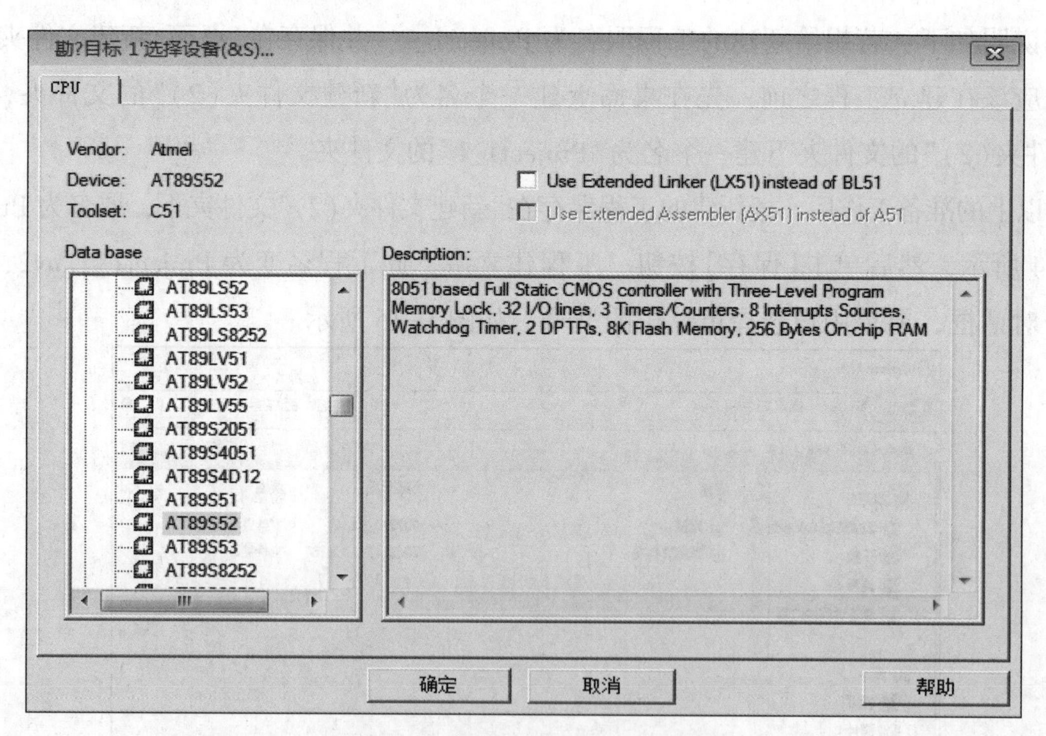

图 1-16 选择 AT89S52 单片机

选择 AT89S52 单片机之后，右侧【Description】栏里是对该型号单片机的基本说明，可以单击其他型号单片机浏览一下其功能特点，然后单击【确定】按钮，弹出如图 1-17 所示对话框，单击【否】按钮。

图 1-17　对话框

完成上一步骤后，窗口界面如图 1-18 所示。

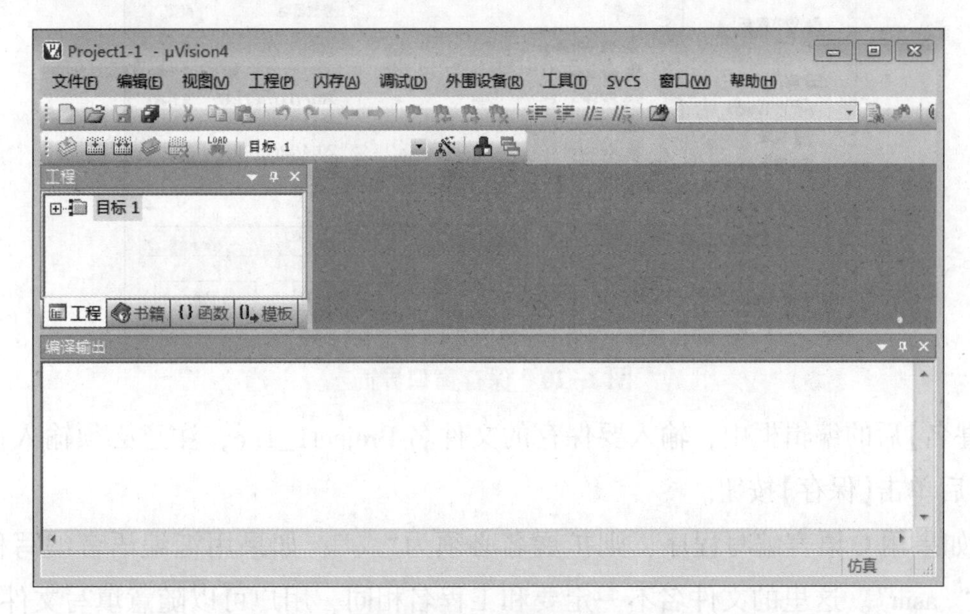

图 1-18　窗口界面

到此为止，还没有建立好一个完整的工程，虽然已有工程名，但工程当中还没有任何文件及代码，接下来添加文件及代码。

步骤 5：添加文件。单击【File】|【New】菜单项，或单击界面上的快捷图标。新建文件后的窗口界面如图 1-19 所示。

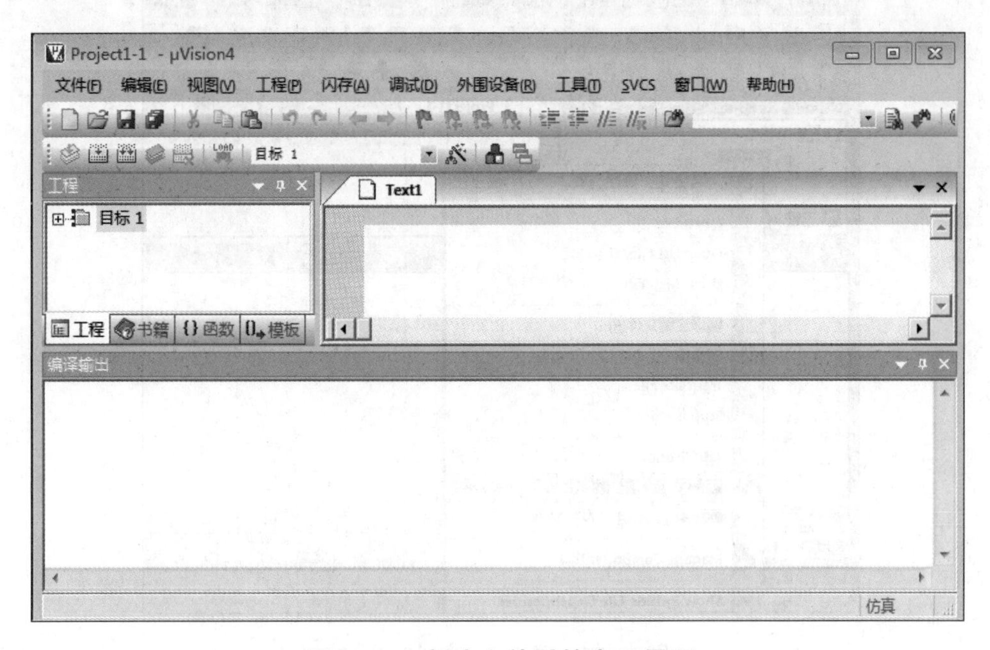

图 1-19　新建文件后的窗口界面

此时光标在编辑窗口中闪烁，可以输入用户的应用程序，但此时这个新建文件与已建立好的工程还没有直接的联系。单击【保存】或界面上的快捷图标，窗口界面如图 1-20 所示。

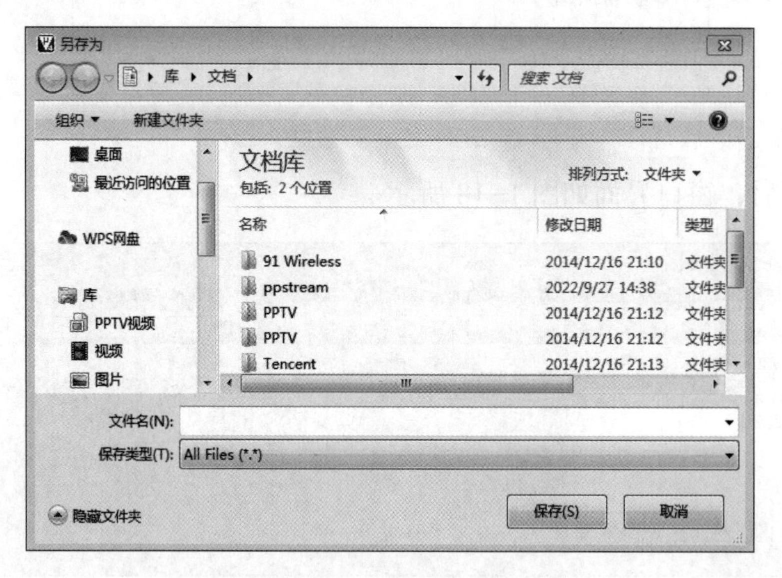

图 1-20　保存窗口界面

在【文件名】后的编辑框中，输入要保存的文件名 Project1_1. c，注意必须输入正确的扩展名“. c”，然后单击【保存】按钮。

注意：如果用 C 语言编写程序，则扩展名必须为“. c”；如果用汇编语言编写程序，则扩展名必须为“. asm”。这里的文件名不一定要和工程名相同，用户可以随意填写文件名。

步骤 6：添加文件到工程中。回到编辑界面，单击【Target 1】或“目标 1”前面的“+”号，然后在【Source Group 1】或“源组 1”选项上右击，选择【Add Files to Group Source Group 1】或“添加文件到‘源组 1’”菜单项，如图 1-21 所示。确认后，弹出如图 1-22 所示选择文件的对话框。

图 1-21　添加文件到工程中

选中【Project1_1. c】文件，单击【添加】按钮，再单击【关闭】按钮，然后再单击左侧【Source Group 1】前面的"+"号，窗口界面如图 1-23 所示。

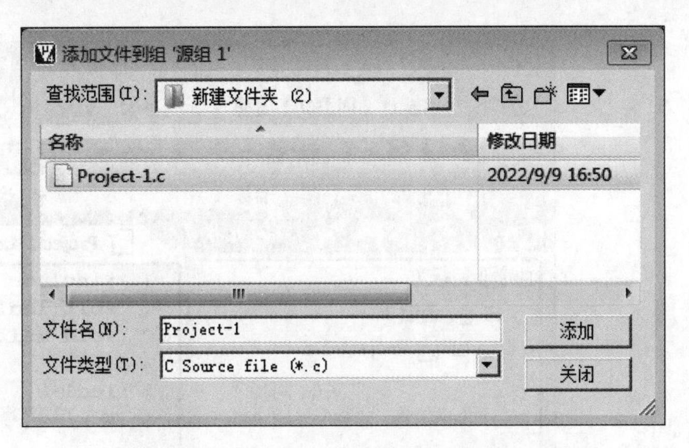

图 1-22　选择文件的对话框

这时注意到【源组 1】文件夹中多了一个子项 Project1_1. c，当一个工程中有多个代码文件时，都要加在这个文件夹下，这时源代码文件就与工程关联起来了。

通过以上步骤 1～步骤 6，完成在 Keil 编译环境下建立一个工程。

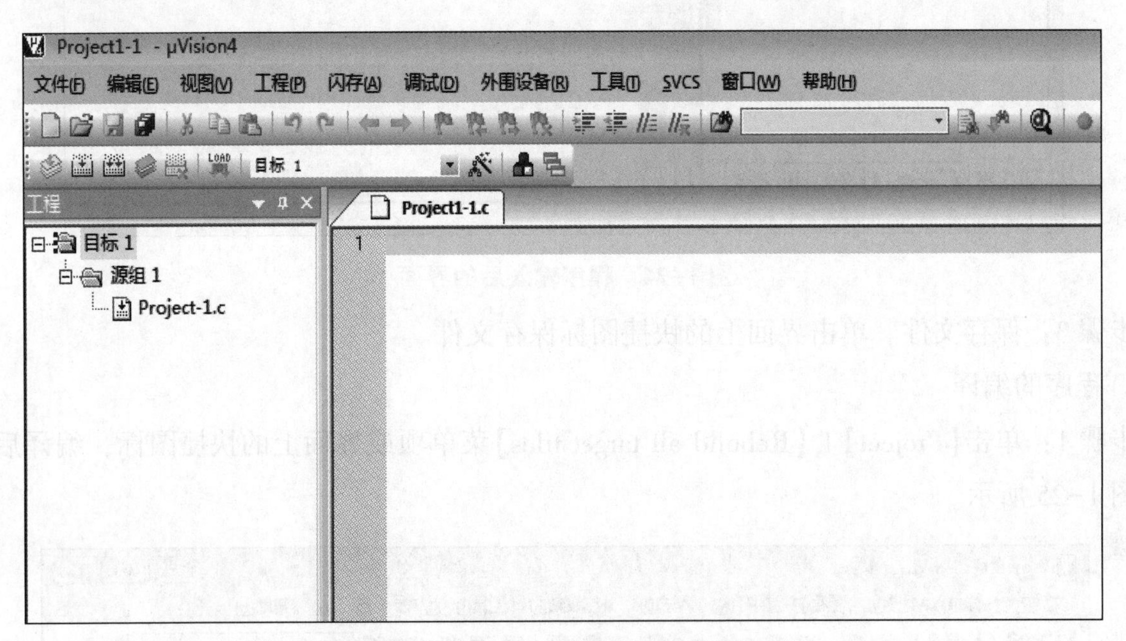

图 1-23　添加文件后的窗口界面

3. 程序的编写与编译

1）程序的编写

步骤 1：回到建立工程后的编辑界面"Project1_1. c"下，在当前编辑框中输入 C 语言源程序。

步骤 2：输入如下程序。点亮与 P1. 0 脚串联的发光二极管的程序如下：

```
#include <reg52. h>                   //52 系列单片机头文件
sbit led1=P1^0;                       //声明单片机 P1 口的第一位
void main ()                          //主函数
{
Led1 = 0;                             //点亮第一个发光二极管
}
```

程序输入完毕后，其界面如图 1-24 所示。

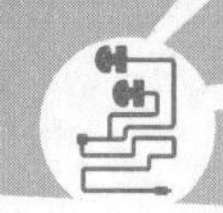

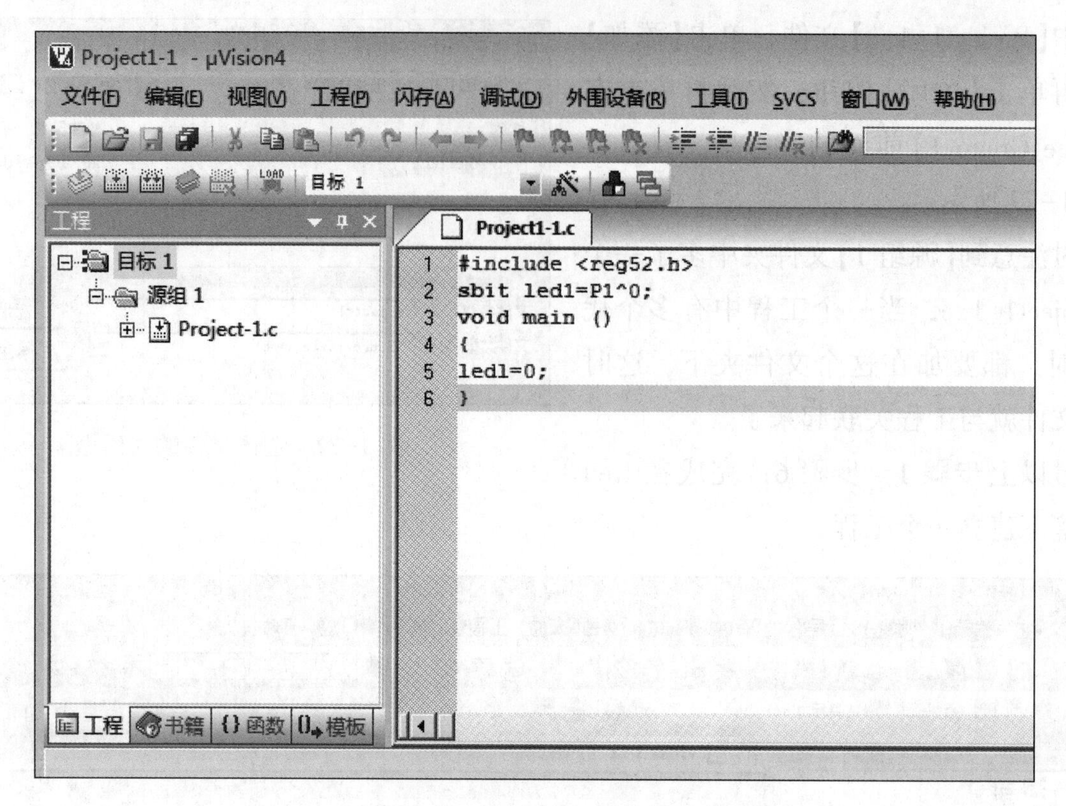

图 1-24 程序输入后的界面

步骤 3：保存文件。单击界面上的快捷图标保存文件。

2) 程序的编译

步骤 1：单击【Project】|【Rebuild all target files】菜单项或界面上的快捷图标，编译后的界面如图 1-25 所示。

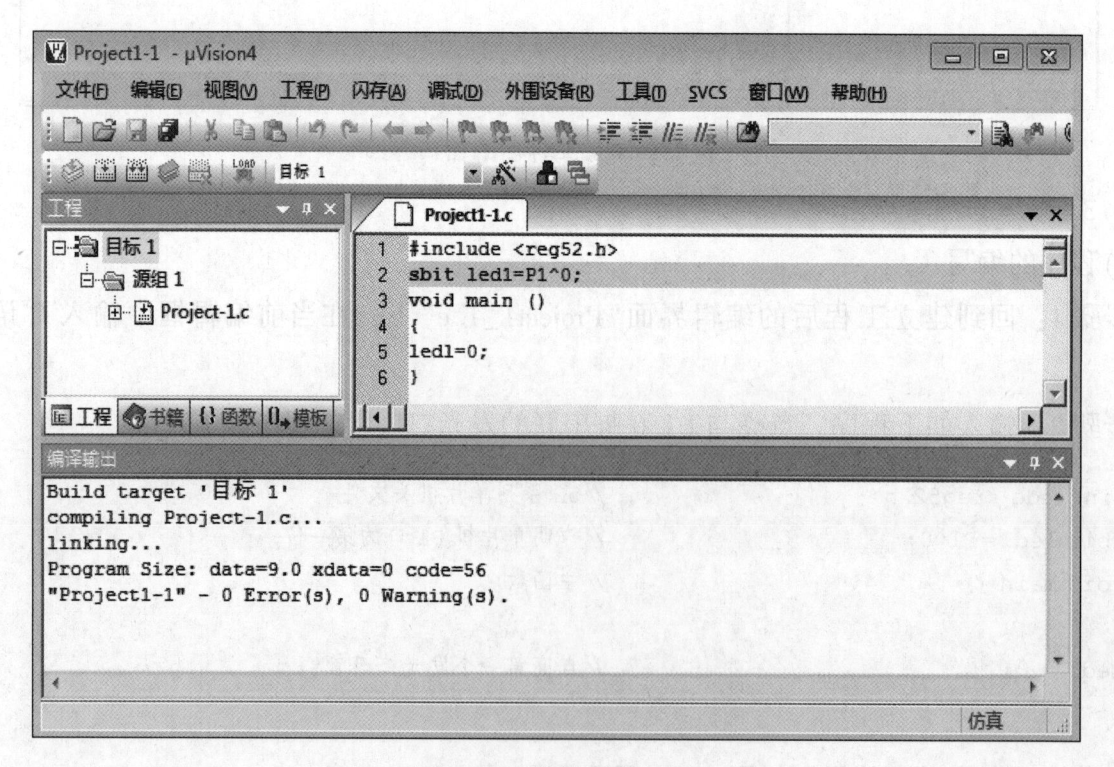

图 1-25 编译后的界面

小提示：建议每次在执行编译之前都先保存一次文件，从一开始就养成良好的习惯，以防计算机死机造成丢失数据的情况发生。

信息输出窗口中显示的是编译过程及编译结果，如图 1-26 所示。

```
编译输出
Build target '目标 1'
compiling Project-1.c...
linking...
Program Size: data=9.0 xdata=0 code=56
"Project1-1" - 0 Error(s), 0 Warning(s).
```

图 1-26　编译结果

以上信息表示此工程成功编译通过。

步骤 2：单击【Project】|【Options for Target 'Target 1'】菜单项或界面上的快捷图标，弹出如图 1-27 所示界面。

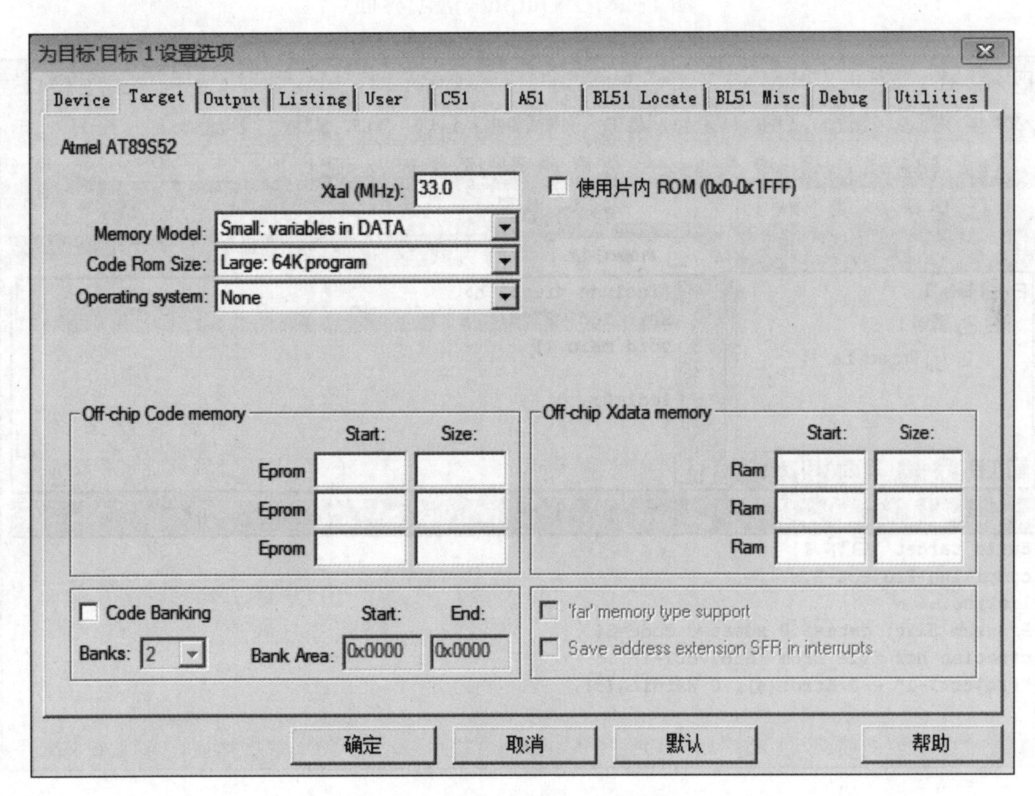

图 1-27　设置选项界面

步骤 3：单击【Output】选项，然后选中【Create HEX File】项，其界面如图 1-28 所示。程序编译后产生 HEX 代码，供下载器软件下载到单片机中。

步骤 4：单击【确定】按钮。确定后，仍回到程序编辑界面。

步骤 5：再将工程编译一次，信息输出窗口如图 1-29 所示。

为目标'目标 1'设置选项

Device | Target | Output | Listing | User | C51 | A51 | BL51 Locate | BL51 Misc | Debug | Utilities

Select Folder for Objects...　Name of Executable: Project1-1

创建可执行文件(E): .\Project1-1

Debug Information　Browse Information

Create HEX File　HEX Format: HEX-80

创建库: .\Project1-1.LIB　Create Batch File

确定　取消　默认　帮助

图 1-28　“Output”选项界面

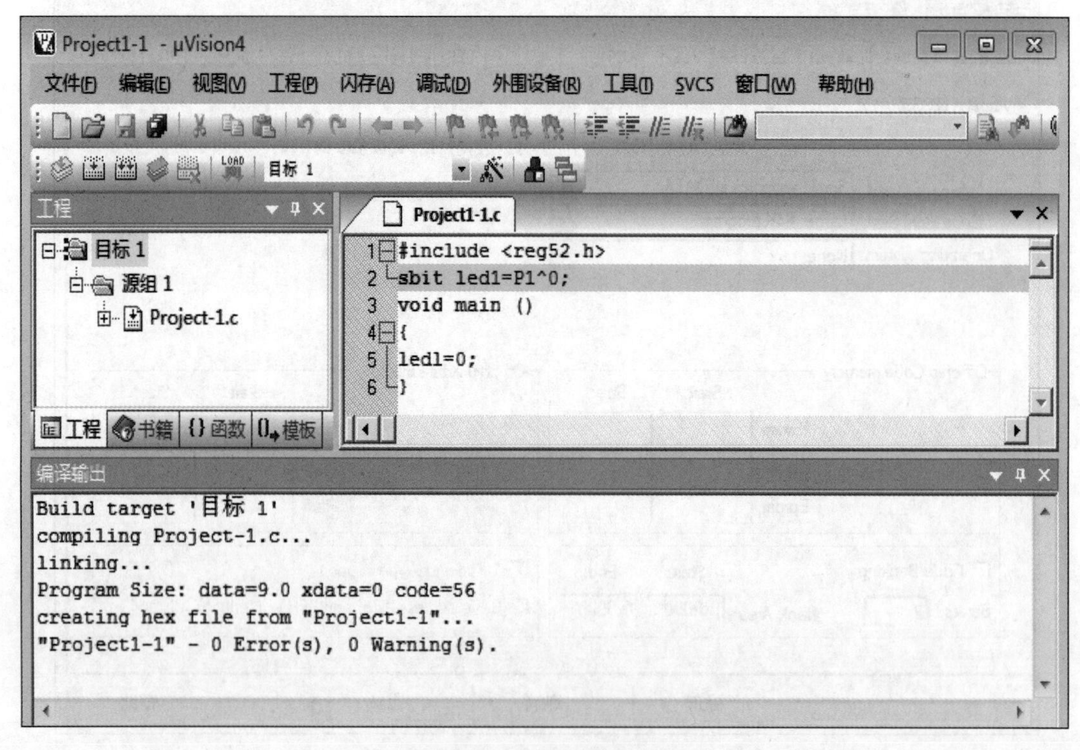

图 1-29　信息输出窗口

观察信息输出窗口可以看到多了一行“creating hex file from"Project1-1"...”。到此为止，程序的整个编译过程已经完成。

4. 程序下载

编译完成后，就可以将此 HEX 文件下载到单片机中。程序下载的过程如下：

步骤 1：启动 SLISP 软件。启动后的界面如图 1-30 所示。

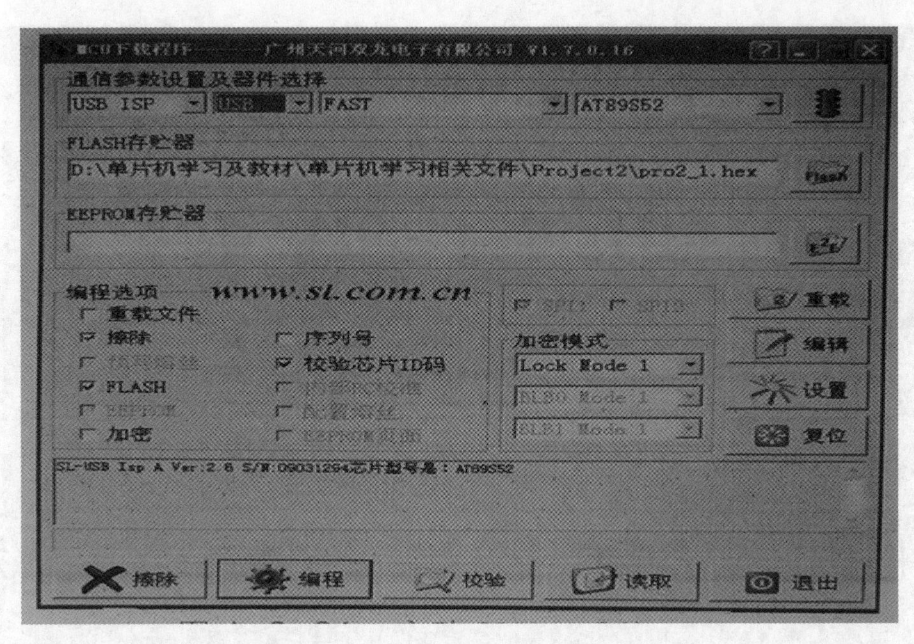

图 1-30　SLISP 软件启动后的界面

步骤 2：通信参数设置及器件选择。根据要求，本项目中参数的设置及器件选择分别为①USB ISP；②USB；③FAST；④AT89S52。

步骤 3：选择编译后的下载文件(HEX)。单击界面右侧的 按钮，弹出如图 1-31 所示的下载文件选择对话框。然后查找到需要下载的 HEX 文件，单击“打开”按钮，弹出如图 1-32 所示界面。

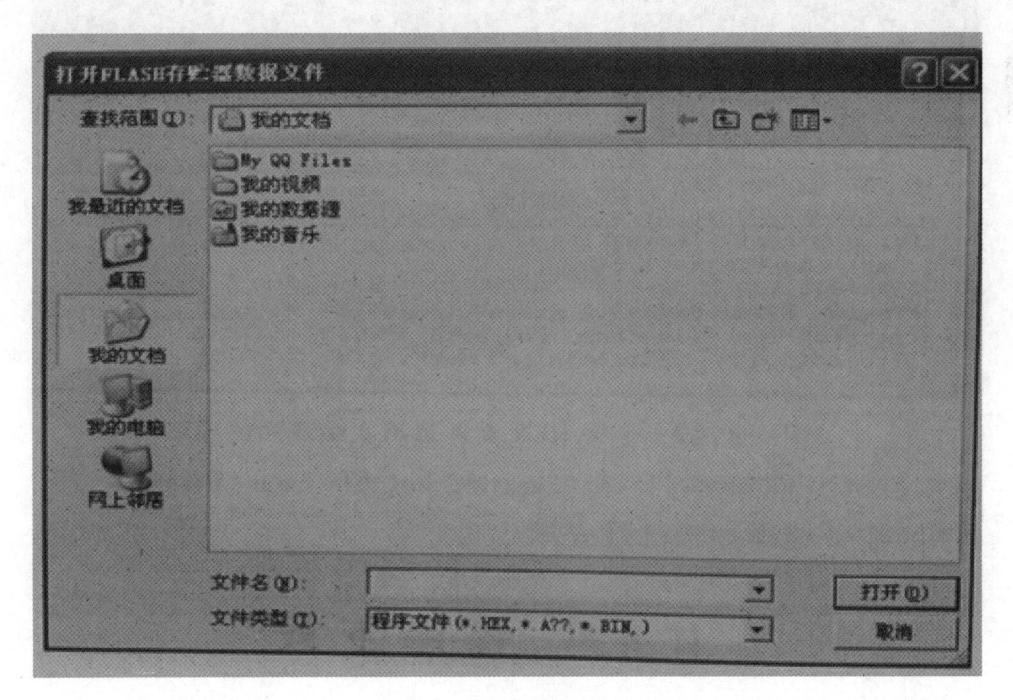

图 1-31　下载文件选择对话框

步骤 4：单击【编程】按钮。下载成功后的界面如图 1-33 所示。

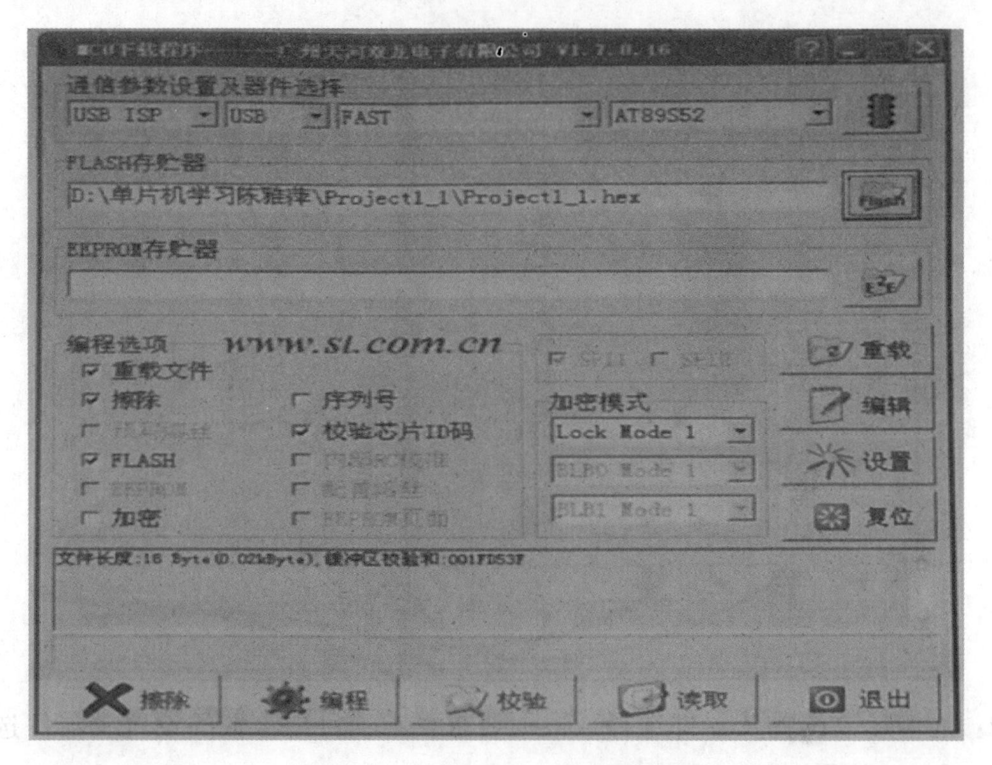

图 1-32 打开 HEX 文件后的界面

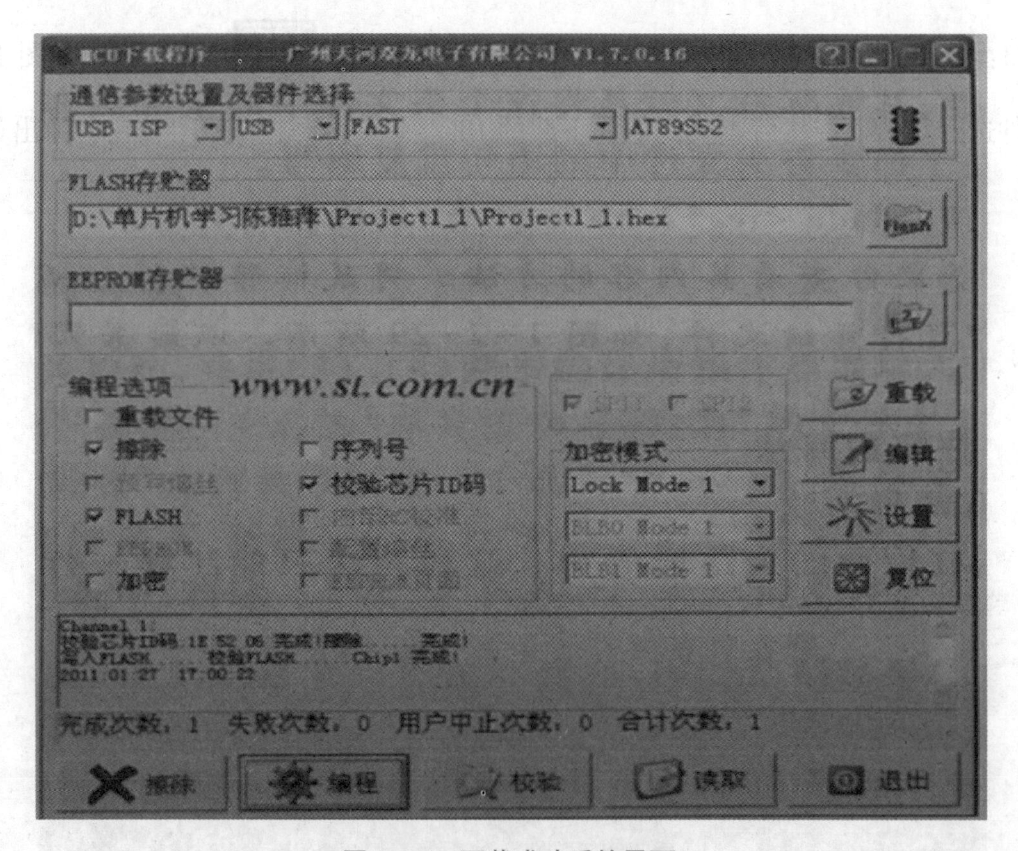

图 1-33 下载成功后的界面

到此为止，程序已成功下载到单片机的存储器中。

注意：在下载程序之前，要连接好 ISP 在线编程器，并确保计算机与单片机的连接正确。

接通电源后，与单片机 P1.0 脚相连的发光二极管被点亮。其实际效果如图 1-34 所示。

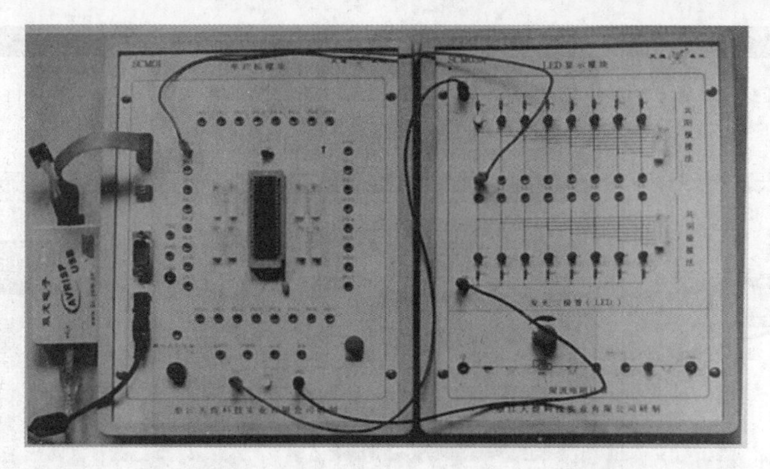

图 1-34　发光二极管被点亮的实际效果

任务三　Proteus 仿真软件简介

思维导图

- Proteus 仿真软件简介
  - 认识 Proteus界面
  - Proteus 的基本操作
    - 建立元件列表
    - 选取终端
    - 旋转操作
    - 镜像操作
    - 调整元器件的标注
    - 原理图的平移和缩放
    - 连线
  - 熟练使用Proteus 仿真软件
    - 绘制流水灯电路原理图
      - 放置元件
      - 调整元件标注
      - 放置电源和地
    - 仿真运行
      - 添加程序文件
      - 仿真运行

一、认识 Proteus 界面

启动汉化版 Proteus 仿真软件后，其界面如图 1-35 所示。

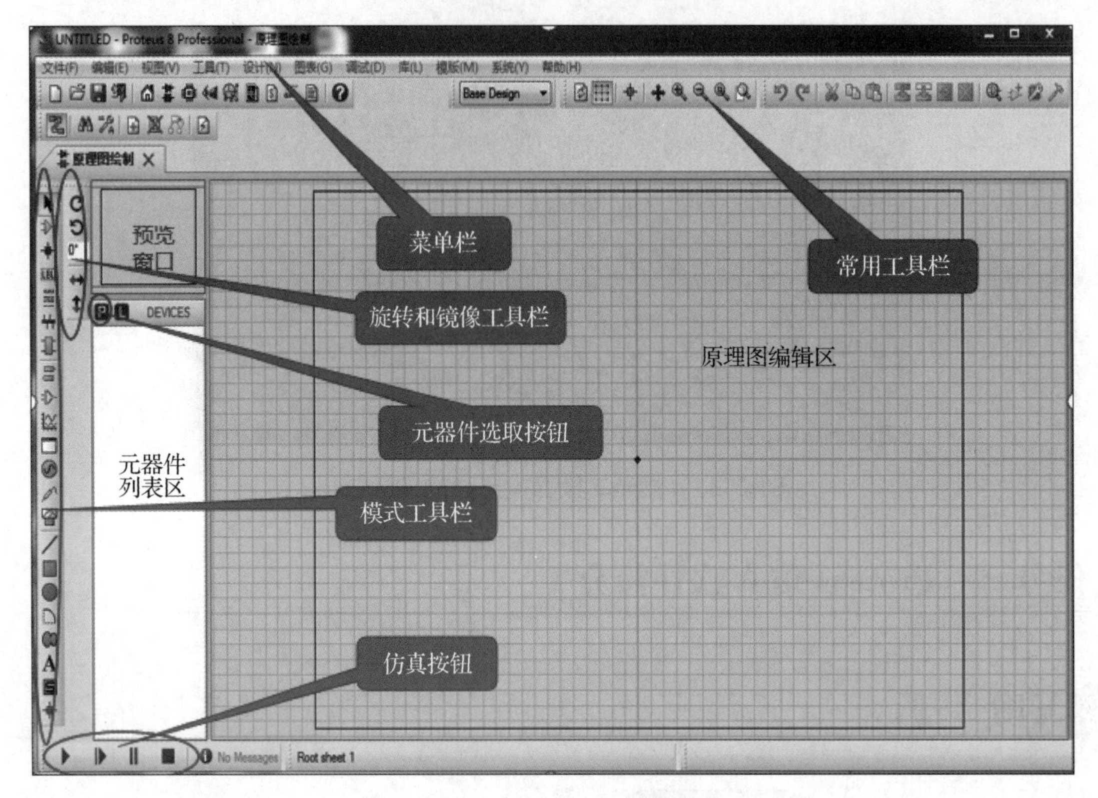

图 1-35 Proteus 仿真软件界面

Proteus 软件的用户界面主要由菜单栏、常用工具栏、模式工具栏、旋转和镜像工具栏、原理图编辑区、预览窗口、元器件选取按钮、元器件列表区、仿真按钮等组成，具体说明如下：

1. 菜单栏

菜单栏在用户界面的第二行，具有文件、查看、编辑、工具、设计、绘图、调试等功能，用户可根据需要进行相关选择与操作。

2. 常用工具栏

鼠标移动到某一个常用工具处即显示该常用工具的功能。工具栏中所有的功能在菜单栏命令中都能够找到。

3. 模式工具栏

鼠标移动到某一模式工具处即显示该工具的模式，常用的有选择模式、元件模式、结点模式、终端模式等。

4. 旋转和镜像工具栏

旋转和镜像工具栏中主要有顺时针旋转、逆时针旋转、X-镜像、Y-镜像等操作工具。旋转工具：，旋转角度只能是 90°的整数倍；镜像工具：，完成水平翻转和垂直翻转。

5. 元器件选取按钮

用户界面的旋转和镜像工具栏右侧的 P 按钮，称为元器件选取按钮，单击该按钮可从库中选取所需元器件，选取的元器件就会在元器件列表区中列出。

6. 元器件列表区

元器件选取按钮选择的元器件都会出现在元器件列表区中。

7. 原理图编辑区

用于绘制电路原理图的区域。这个窗口是没有滚动条的，可用预览窗口来改变原理图的可视范围。

8. 预览窗口

有两种显示方式：

(1)在元器件列表中选择一个元器件时，预览窗口会显示该元器件。

(2)当鼠标在原理图编辑区时(即放置元器件到原理图编辑区后或在原理图编辑区中单击鼠标)，预览窗口会显示整张原理图的缩略图，并会显示一个绿色的方框，绿色方框里的内容就是当前原理图编辑区中显示的内容。

9. 仿真按钮

仿真按钮是单片机及外围电路要进行仿真操作时用到的按钮，共有仿真运行、单步运行、暂停、停止4个按钮 ▶ ▶| ‖ ■ 。

二、Proteus 的基本操作

1. 建立元件列表(将元件添加到元器件列表区)

参考电路，将所用到的元件建立一个表格，防止遗漏、便于检查。

1)选择元件模式(连续选择元件，此项可以省略)

移动鼠标至模式选择工具栏中的元件模式处单击，即可完成元件模式的选择。

注意：在 Proteus 软件中想进行某项操作，必须先在模式选择工具栏中预先选择一种模式。要进行元器件的操作，必须要选择第一种模式(选择模式)，或者第二种模式(元件模式)，只有在这两种模式下，才会出现元器件选择按钮和库管理按钮。

2)选取元件

步骤1：单击 Proteus 原理图编辑界面的 P 按钮，弹出挑选元件对话框，如图1-36所示。

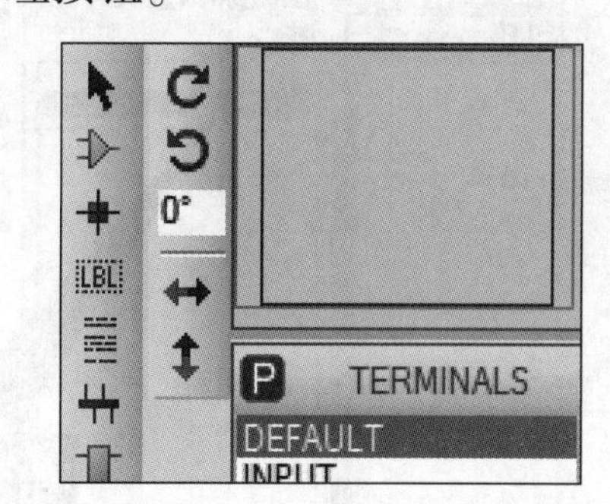

图1-36　挑选元件对话框

步骤2：在挑选元件对话框中输入相应的关键字。

步骤3：在挑选元件对话框中选择相应类别或子类别。

步骤4：看着 PCB 预览窗口的 PCB 封装，在器件窗口栏选择相应的元件，双击该元件，则该元件添加到元器件列表中。

常用元件的关键字如表1-9所示。

表1-9　常用元件的关键字

序号	名称	关键字
1	电感器	inductors 或 coil

续表

序号	名称	关键字
2	电容器	capacitors
3	电阻	resistors
4	二极管	diodes
5	三极管	npn、pnp 或 transistors
6	晶闸管	Thyristor、MCR 或 SCR
7	发光二极管	optoelectronics 或 led
8	晶振	Crystal
9	按键	Button
10	开关	Sw 或 Switch
11	灯泡	Lamp

(1)选取单片机，如图 1-37、图 1-38 所示。

(2)选取普通电容，如图 1-39、图 1-40 所示。

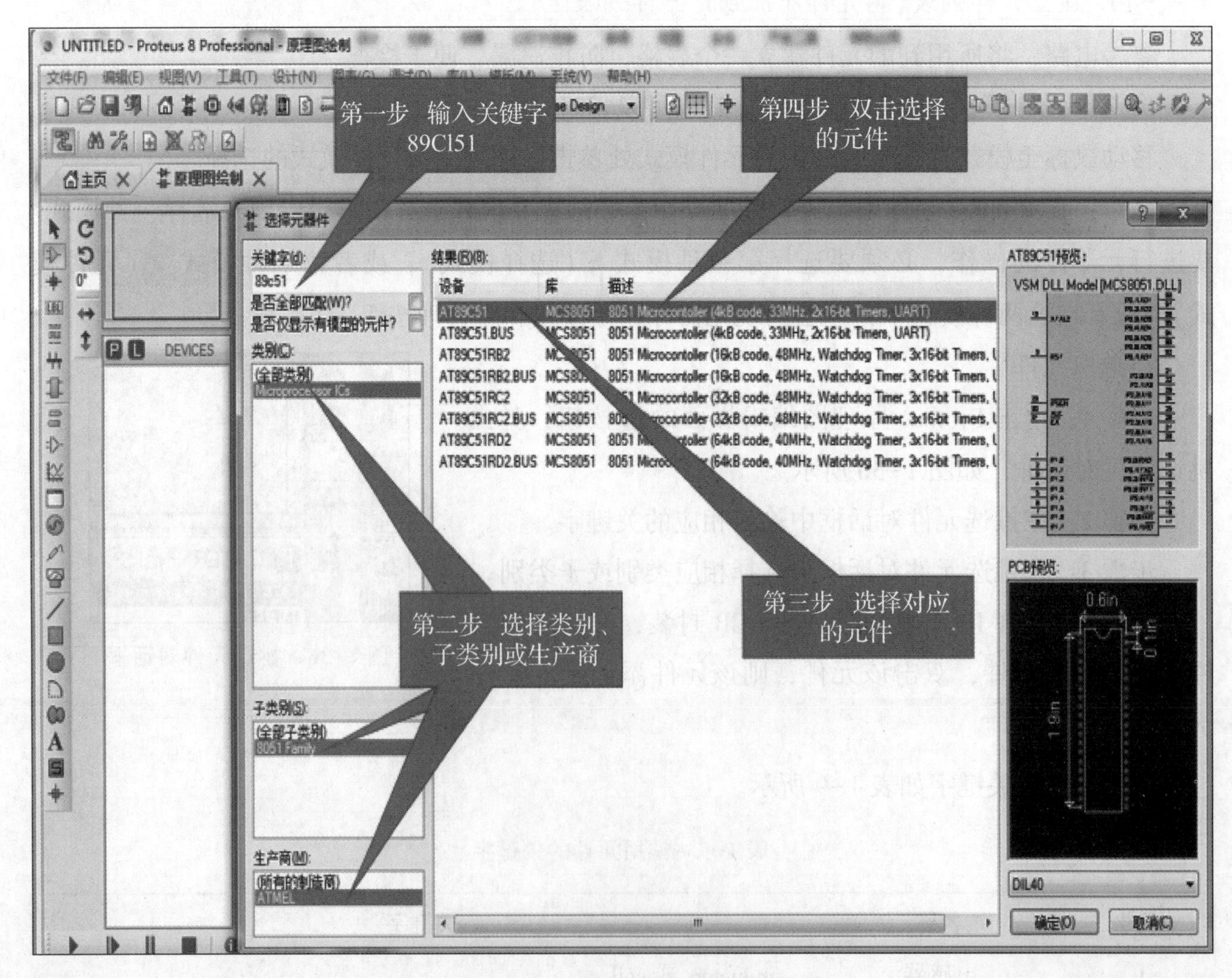

图 1-37 选择单片机的步骤

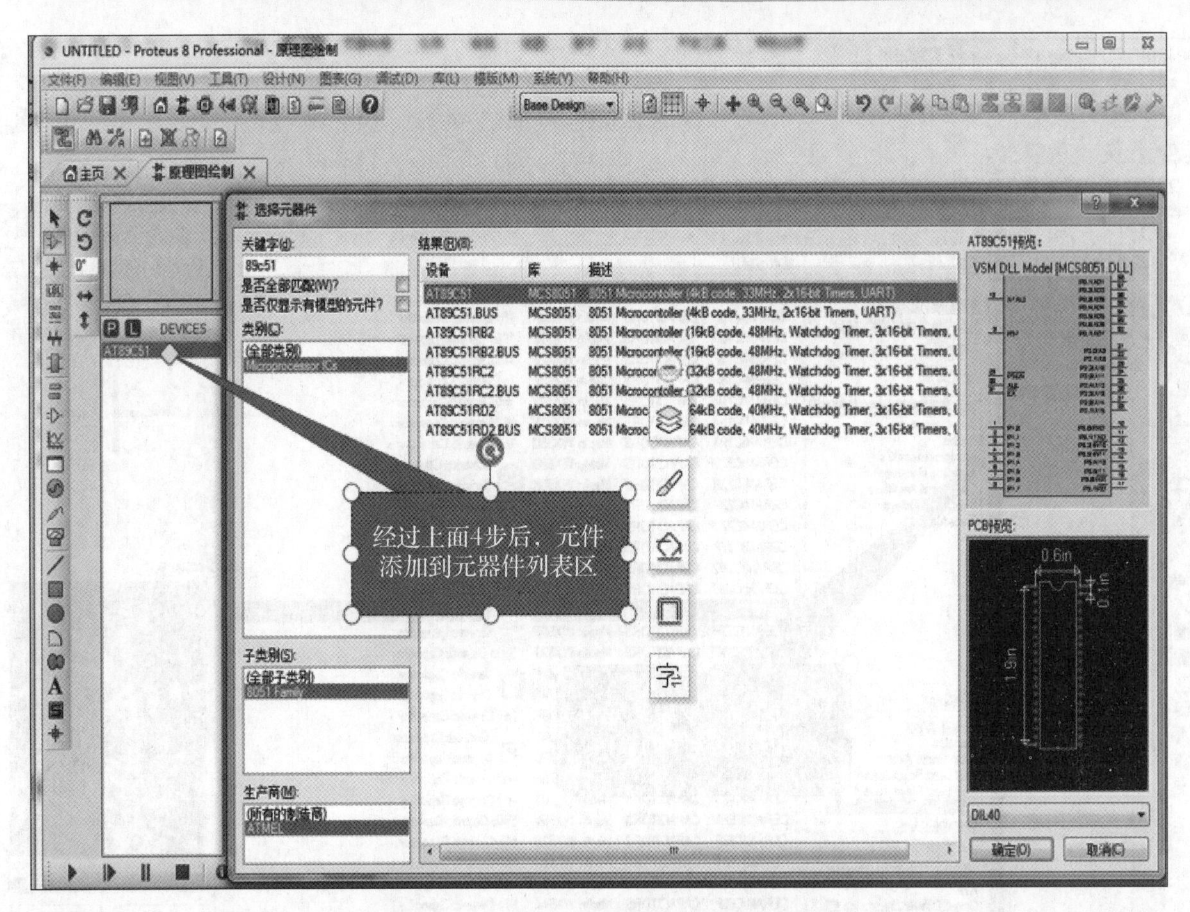

图 1-38　单片机添加到元器件列表区

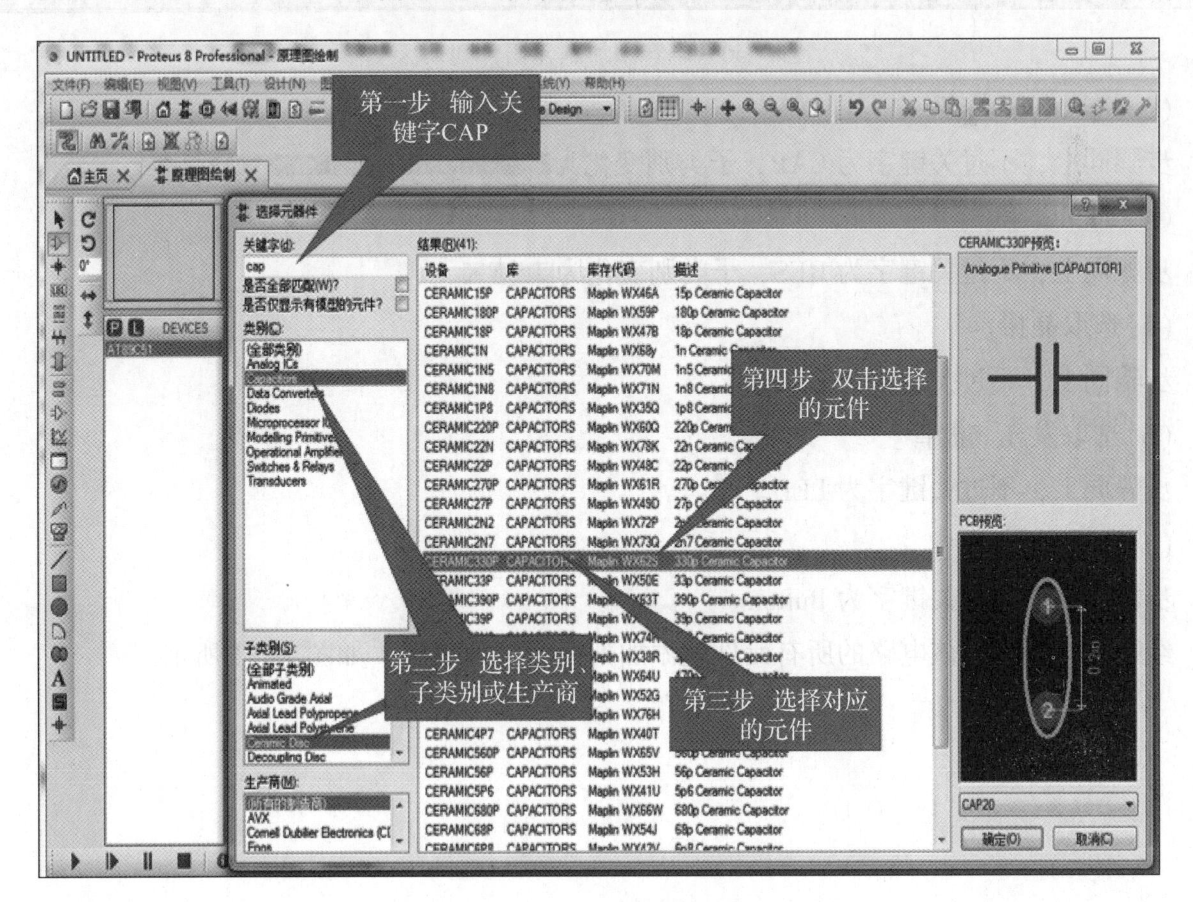

图 1-39　选择电容的步骤

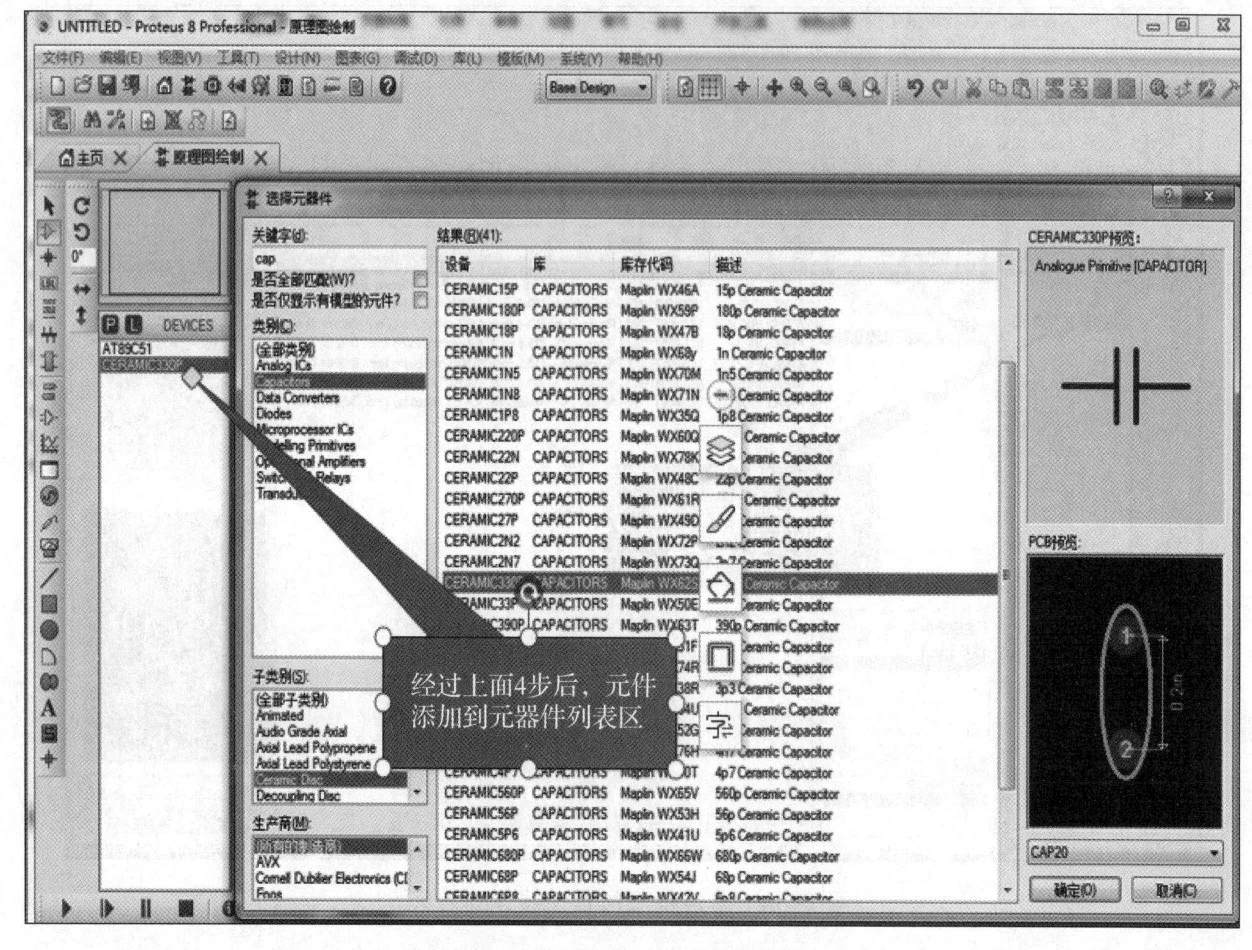

图 1-40　电容添加到元器件列表区

(3)选取电解电容。

步骤同上，不过关键字为 CAP，子类别变化为High Temp Radial或High Temperature Axial Electr。

(4)选取电阻。

步骤同上，不过关键字为 RES，子类别变化为Resistors。

(5)选取晶振。

步骤同上，不过关键字为 Crystal。

(6)选取发光二极管。

步骤同上，不过关键字为 LED。

(7)选取按键。

步骤同上，不过关键字为 Button。

经过以上操作，该电路的所有元件就添加到元器件列表区，如图 1-41 所示。

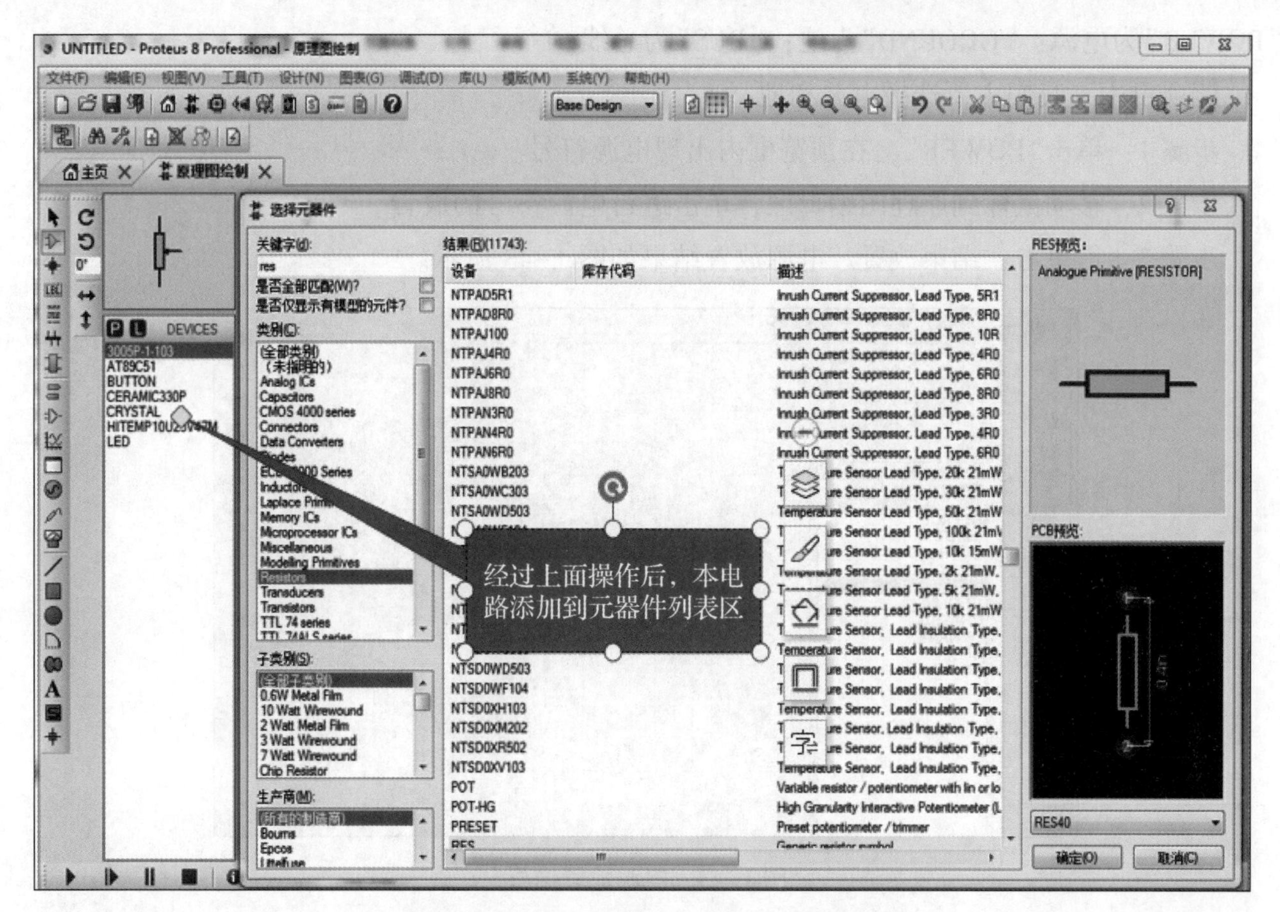

图 1-41　所有元件都添加到元器件列表区

2. 选取终端

移动鼠标到终端模式▭并单击，在元件列表区中出现各种终端名称，如图 1-42 所示。

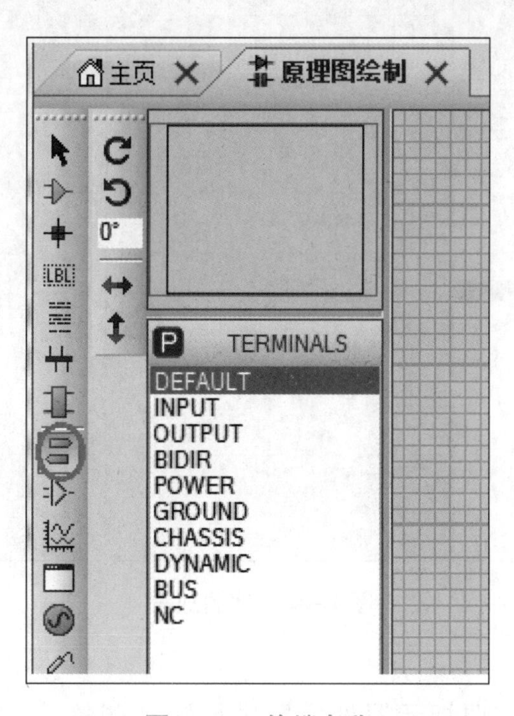

图 1-42　终端名称

其中，“DEFAULT”为默认；“INPUT”为输入；“OUTPUT”为输出；“BIDIR”为双向；

“POWER”为电源；“GROUND”为地；“BUS”为总线。

此项目中，我们主要选择电源和地。

步骤 1：单击“POWER”，在预览框内出现电源符号。

步骤 2：移动鼠标到原理图编辑区，单击进行电源符号的放置。

步骤 3：再单击，结束放置。电源放置结果如图 1-43 所示。

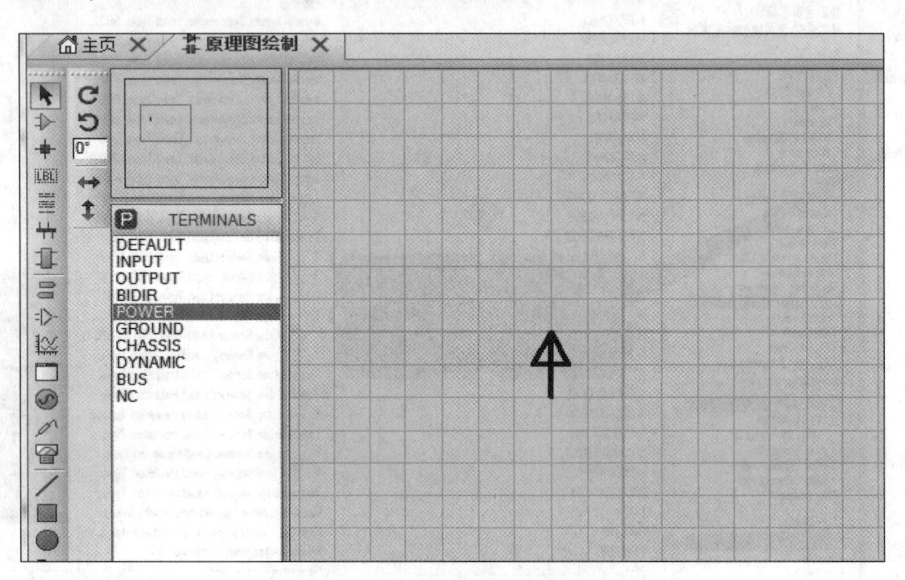

图 1-43 电源放置结果

步骤 4：重复以上步骤 1~步骤 3，可完成地的放置，如图 1-44 所示。

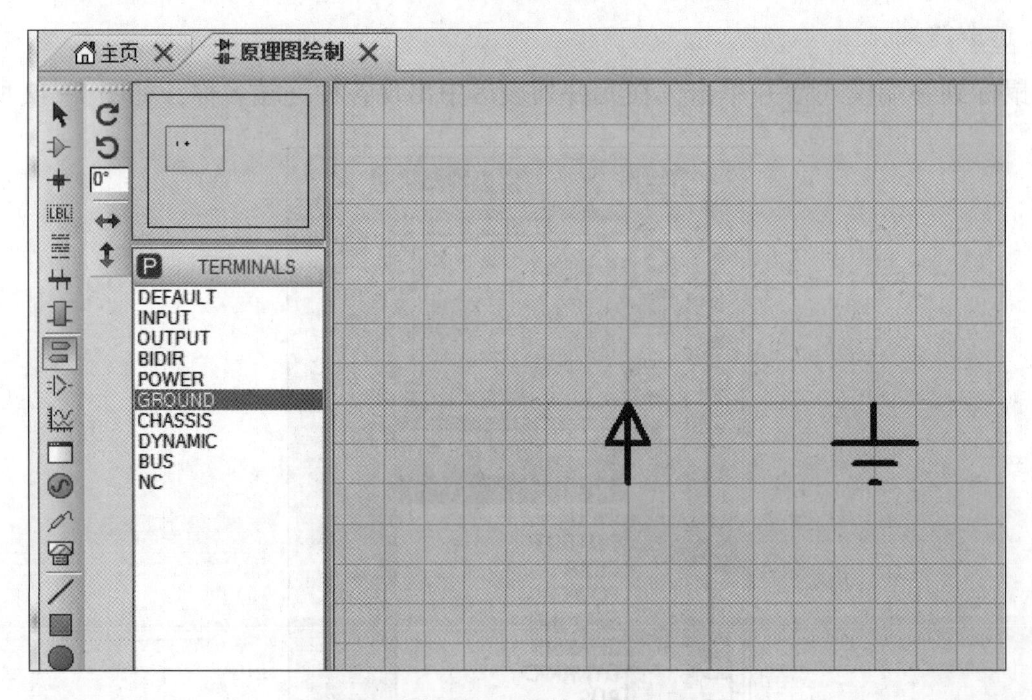

图 1-44 地的放置

3. 旋转操作

在原理图绘制时，有时需要把元器件位置进行转动调整，这时就要用到旋转操作 ↻↺，旋转角度只能是 90°的整数倍。

1）取元器件时的旋转

以按键为例，将其由横放转为竖放。

步骤 1：单击元件列表区中的 BUTTON，在预览窗口中出现横向放置的按键符号，如图 1-45 所示。

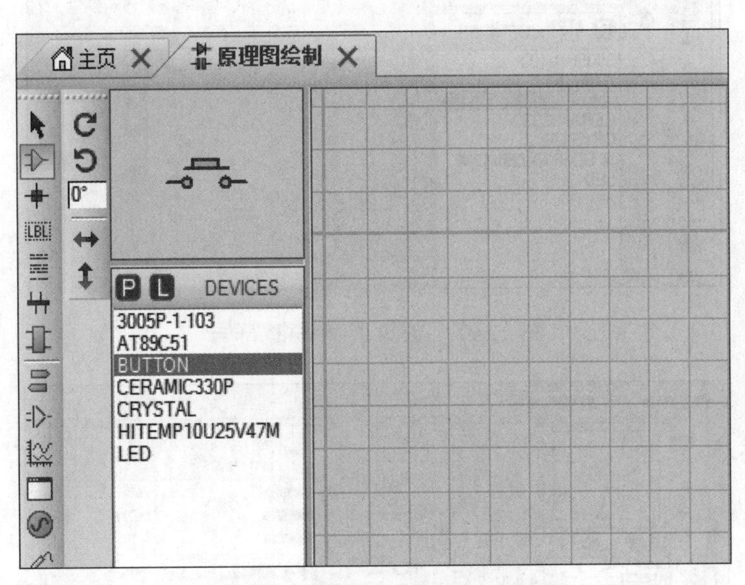

图 1-45　横向放置的按键符号

步骤 2：移动鼠标到“顺时针旋转按钮”处单击，按键符号由横向变为竖向，如图 1-46 所示。

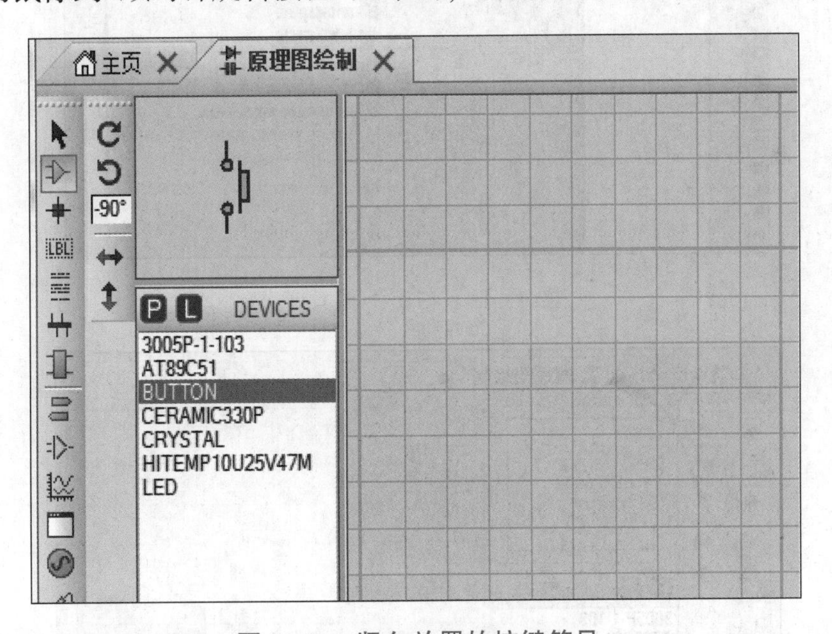

图 1-46　竖向放置的按键符号

步骤 3：此时将鼠标移到编辑区双击，放置竖向按键符号，如图 1-47 所示。

2）放好的元器件的旋转

以按键为例，将其由横放转为竖放。

步骤 1：右击元件编辑区中的 BUTTON，会出现右击下拉菜单，如图 1-48 所示。

步骤 2：单击下拉菜单中的“顺时针旋转”，则实现顺时针旋转，如图 1-49 所示，其他的旋转同样。

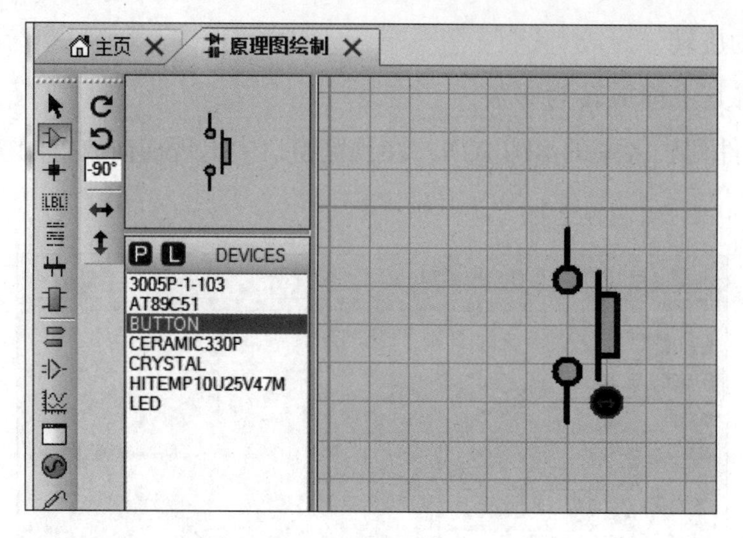

图 1-47　放置竖向按键符号

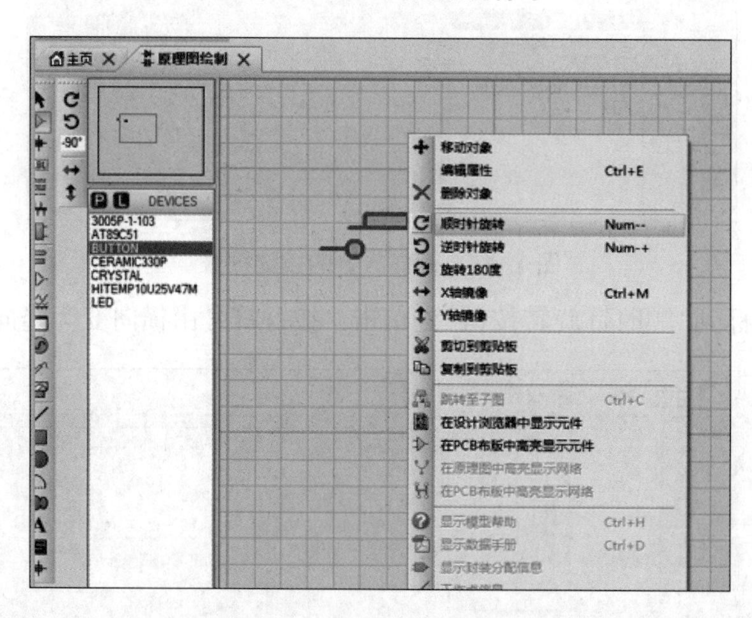

图 1-48　右击下拉菜单

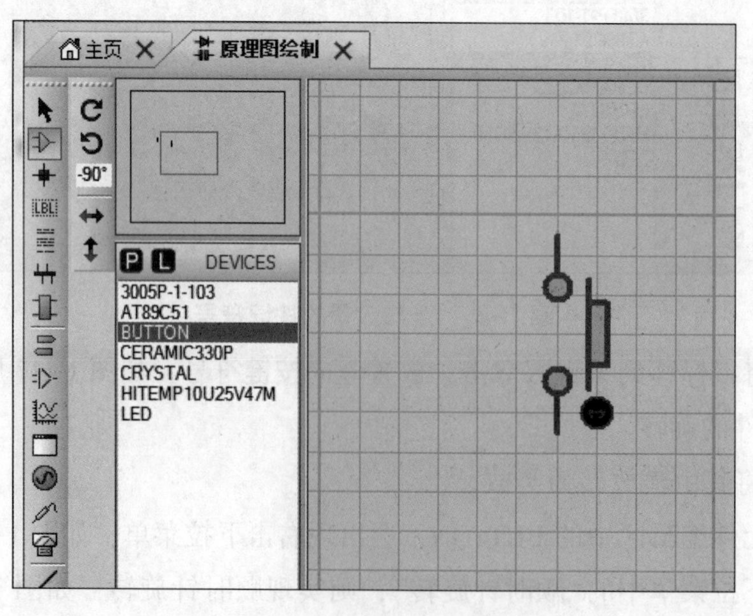

图 1-49　顺时针旋转按键符号

4. 镜像操作

在原理图绘制时，有时需要把元器件位置进行左右调整，这时就要用到镜像操作。镜像工具：↔ ↕，完成水平翻转和垂直翻转。

1）取元器件时的镜像

以 AT89C51 为例，将其左右翻转。

步骤 1：单击元件列表区中的 AT89C51，在预览窗口中出现横向放置的 AT89C51 符号，如图 1-50 所示。

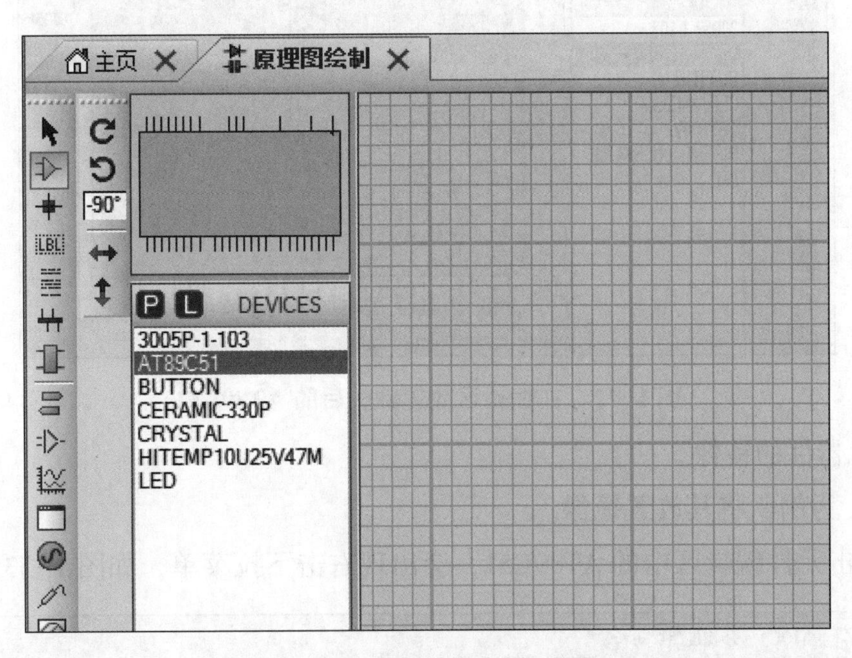

图 1-50　预览 AT89C51 符号

步骤 2：移动鼠标到 ↔ 处单击，AT89C51 完成左右翻转，如图 1-51 所示。

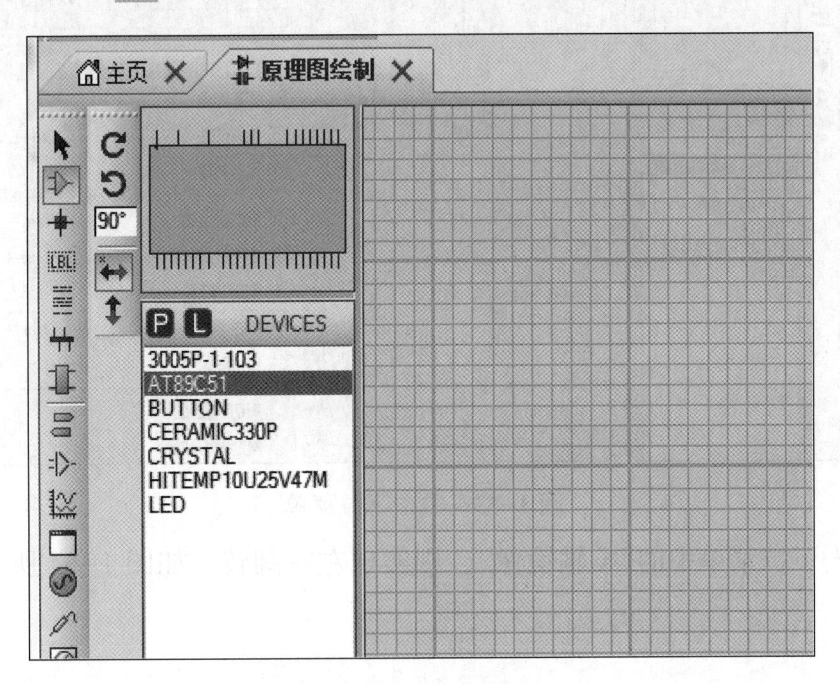

图 1-51　AT89C51 左右翻转

步骤 3：此时将鼠标移到编辑区双击，就会将 AT89C51 翻转，如图 1-52 所示。

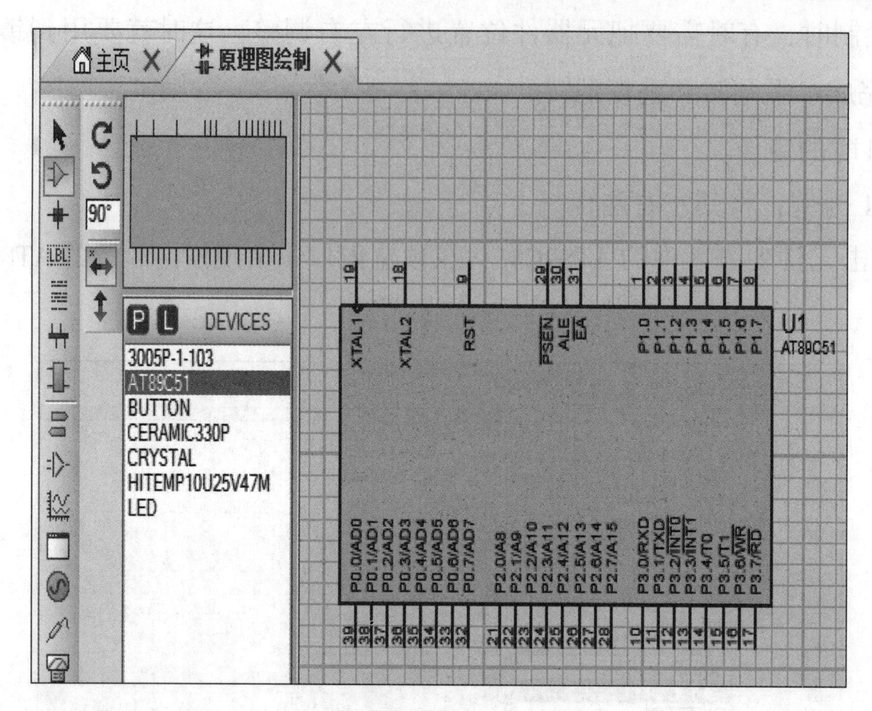

图 1-52 在编辑区放置翻转后的 AT89C51

2）放好的元器件的镜像

以 AT89C51 为例，将其放置镜像。

步骤 1：右击元件编辑区中的 AT89C51，会出现右击下拉菜单，如图 1-53 所示。

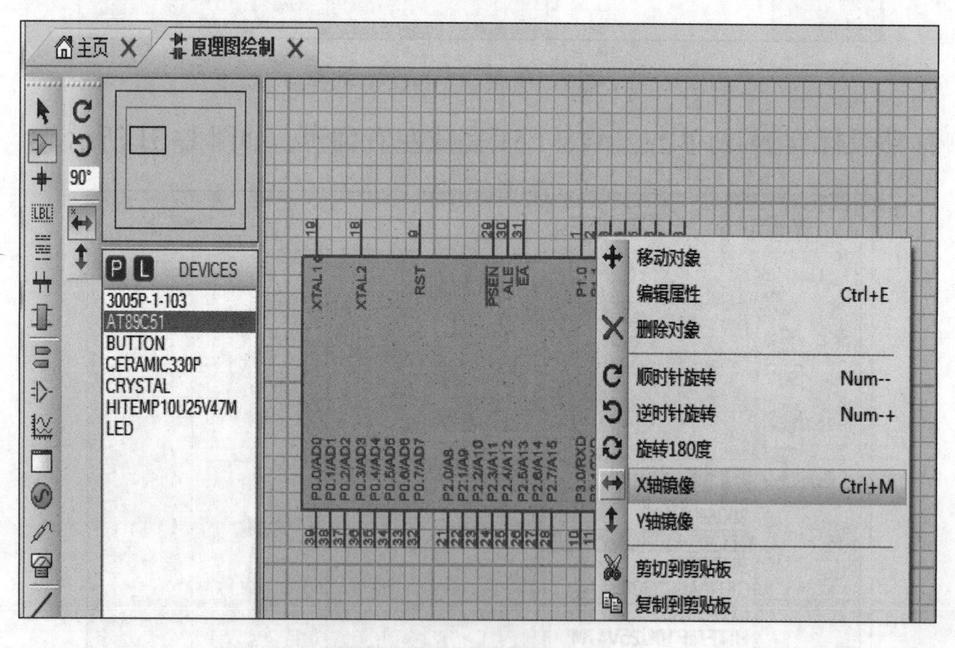

图 1-53 右击下拉菜单

步骤 2：单击下拉菜单中的“X 轴镜像”，则实现左右翻转，如图 1-54 所示，其他的翻转同样。

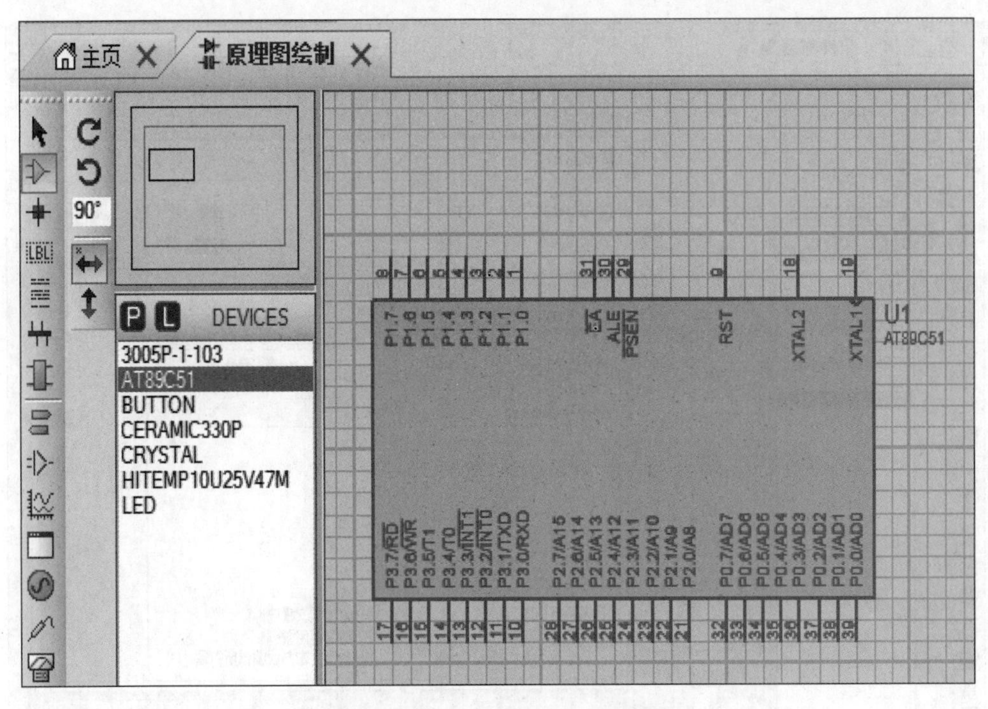

图 1-54　AT89C51 X 轴镜像

5. 调整元器件的标注

在原理图绘制过程中，经常会根据电路需要对元器件的标注进行调整。下面以电阻为例介绍调整元器件标注的方法，如图 1-55 所示，将其调整为 510。

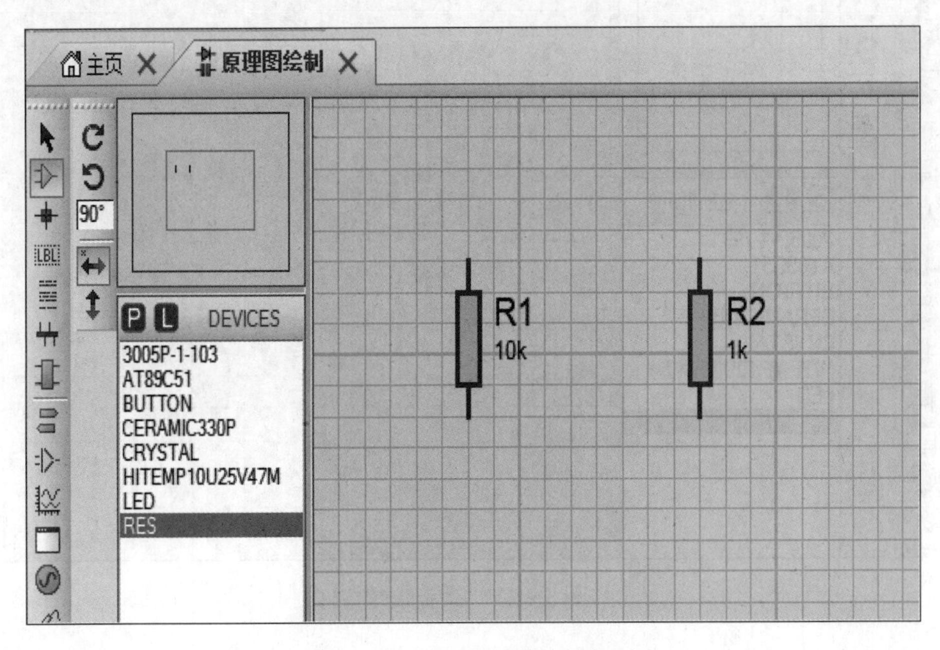

图 1-55　调整元器件的标注

具体操作步骤如下。

步骤 1：分别移动鼠标到 R_1、R_2 电阻处双击，弹出“编辑元件”对话框，如图 1-56 所示。在“编辑元件”对话框中，可以对元件名称、参数、封装等进行调整。

步骤 2：在“Resistance”栏输入 510，单击“确定”按钮即可。调整效果如图 1-57 所示。

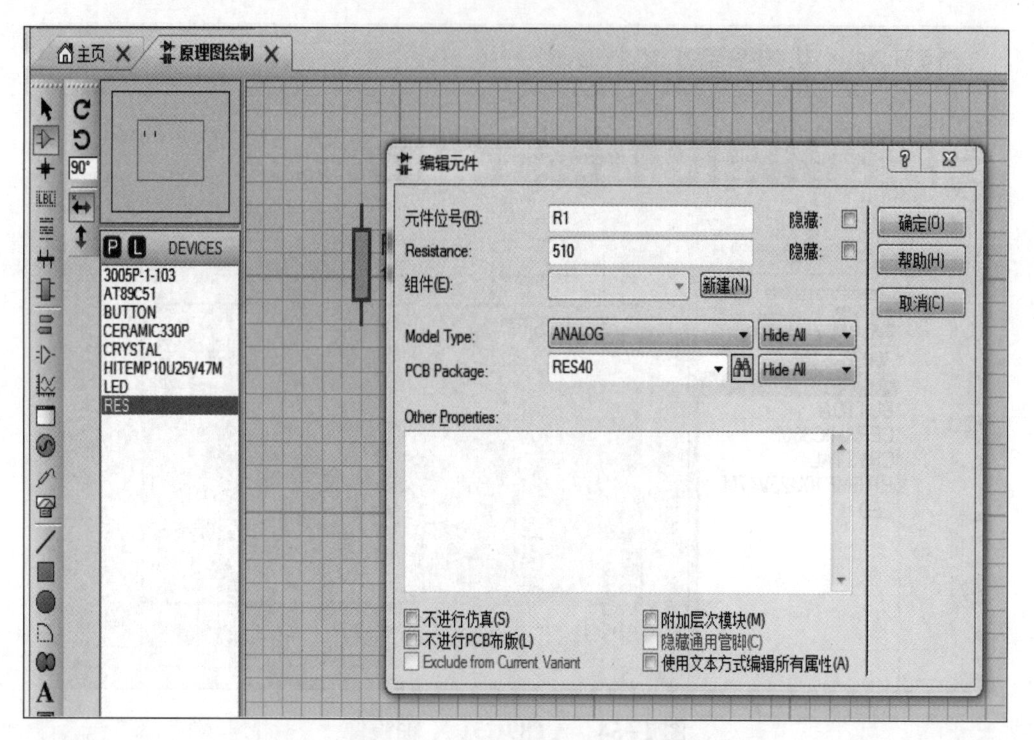

图 1-56 “编辑元件”对话框

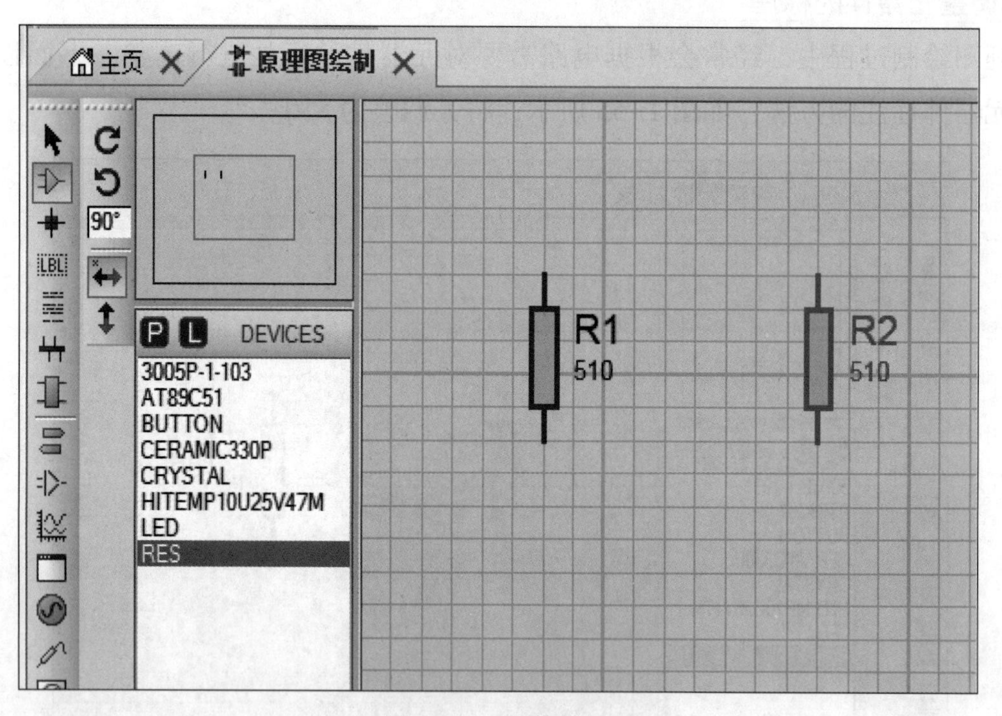

图 1-57 调整效果

这样 R_1、R_2 的值就调整好了，其他元器件的参数同样进行调整。

6. 原理图的平移和缩放

1) 原理图的平移

在原理图编辑过程中，实现原理图平移的方法通常有三种：

方法一：在原理图中单击鼠标滚轮，使光标变为十字形符号，移动光标到需要的位置再次单击，完成原理图的平移。

方法二：按住 Shift 键，然后平移鼠标，碰撞界面边线，原理图就会跟着鼠标进行相应的移动，移到需要的区域之后，放开 Shift 键，这个区域就会出现在编辑平面的正中间。

方法三：在预览窗口中进行原理图的平移。预览窗口既可以预览元器件，也可以预览原理图。想在预览窗口中平移原理图时，在预览窗口中单击，光标也会变成十字形符号，按住鼠标左键在预览窗口中进行移动，原理图在屏幕中也会进行相应的移动，移动到需要的区域之后单击，即可完成原理图的平移。

2) 原理图的缩放

在原理图编辑过程中，实现原理图缩放的方法通常有三种：

方法一：在原理图编辑区中，旋转鼠标滚轮，即可实现原理图的缩放。

方法二：在预览窗口中，旋转鼠标滚轮，也可实现原理图的缩放。

方法三：利用工具实现。单击常用工具栏中的工具，即可实现原理图的放大；单击工具，即可实现原理图的缩小。

7. 连线

按电路要求完成元器件之间、元器件与导线、导线与导线之间的连线。以 C_1 与单片机 19 脚之间的连接为例，具体操作步骤如下。

步骤 1：移动鼠标到 C_1 元件的右端处，鼠标变为绿色铅笔，并出现一个红色小方框，如图 1-58 所示。

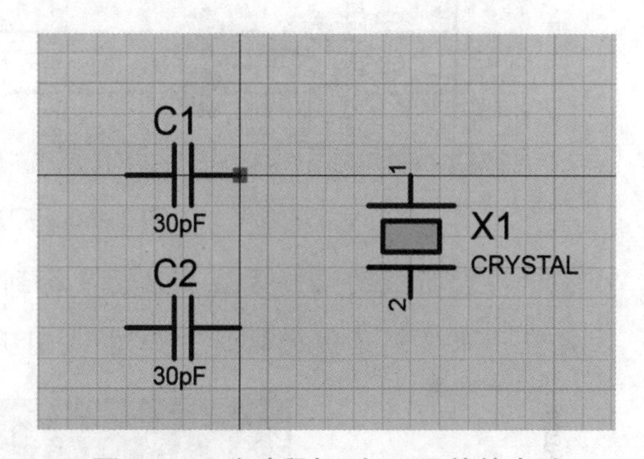

图 1-58　移动鼠标到 C_1 元件的右端

步骤 2：单击开始连线。

步骤 3：移动鼠标到晶振 1 脚处，同样鼠标变为绿色铅笔，并出现一个红色小方框，如图 1-59(a) 所示。

步骤 4：单击完成连线，如图 1-59(b) 所示。

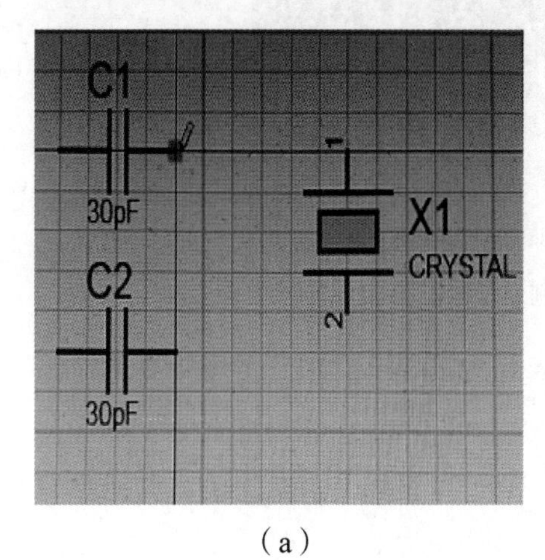

（a）

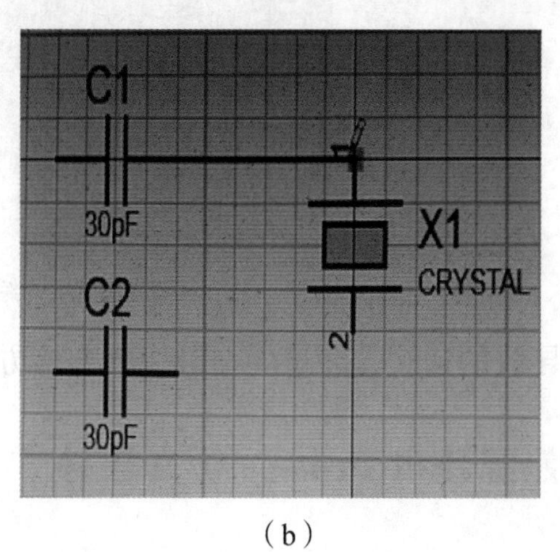

（b）

图 1-59　连线

(a) 开始连线；(b) 完成连线

重复以上步骤 1~步骤 4，完成整个电路图的连线。完成连线后的电路如图 1-60 所示。

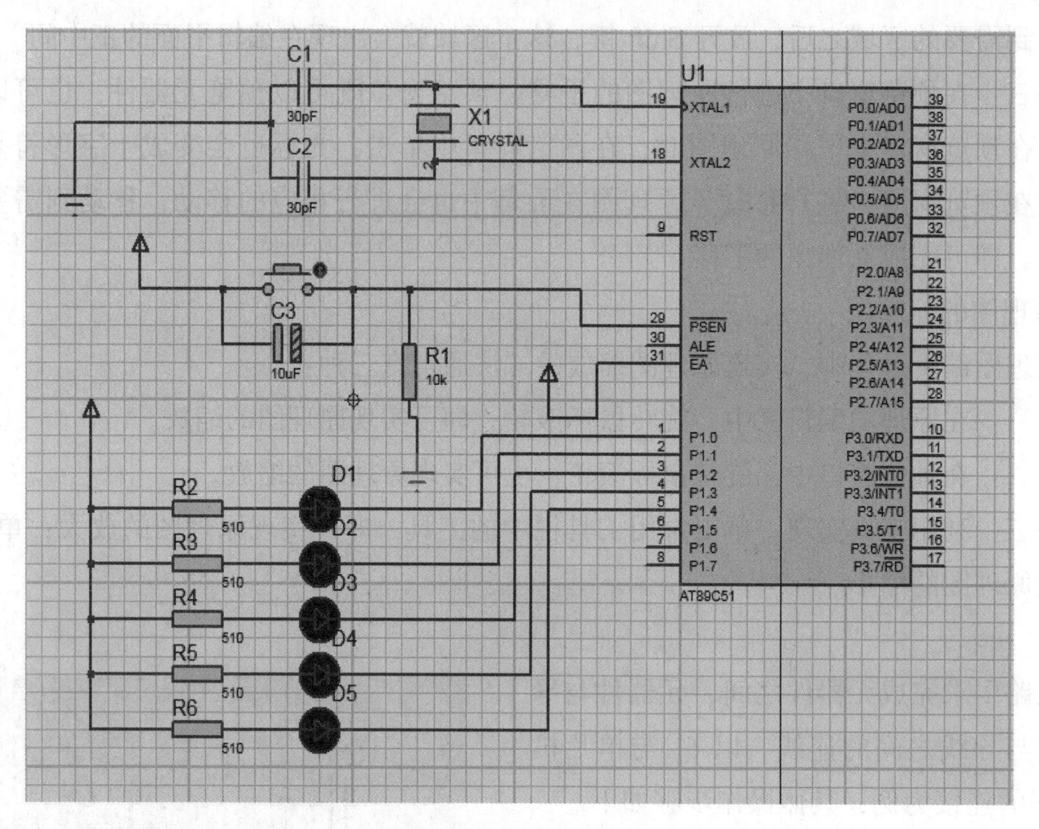

图 1-60　完成连线后的电路

小提示：转折线的绘制方法，移动鼠标到需要转折的地方单击，出现一个“×”，即为固定点。固定点用来实现连线的转折，如图 1-61 所示。

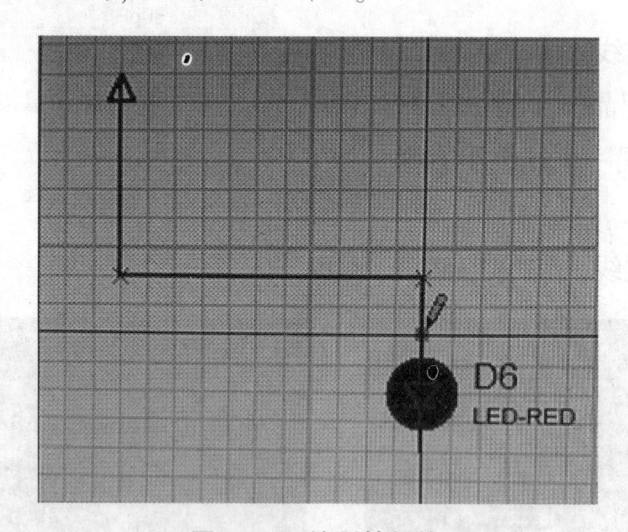

图 1-61　绘制转折线

导线与导线的连接、元器件与导线的连接方法与元器件之间的连接方法相同。

三、熟练使用 Proteus 仿真软件

1. 绘制流水灯电路原理图

流水灯电路如图 1-62 所示。

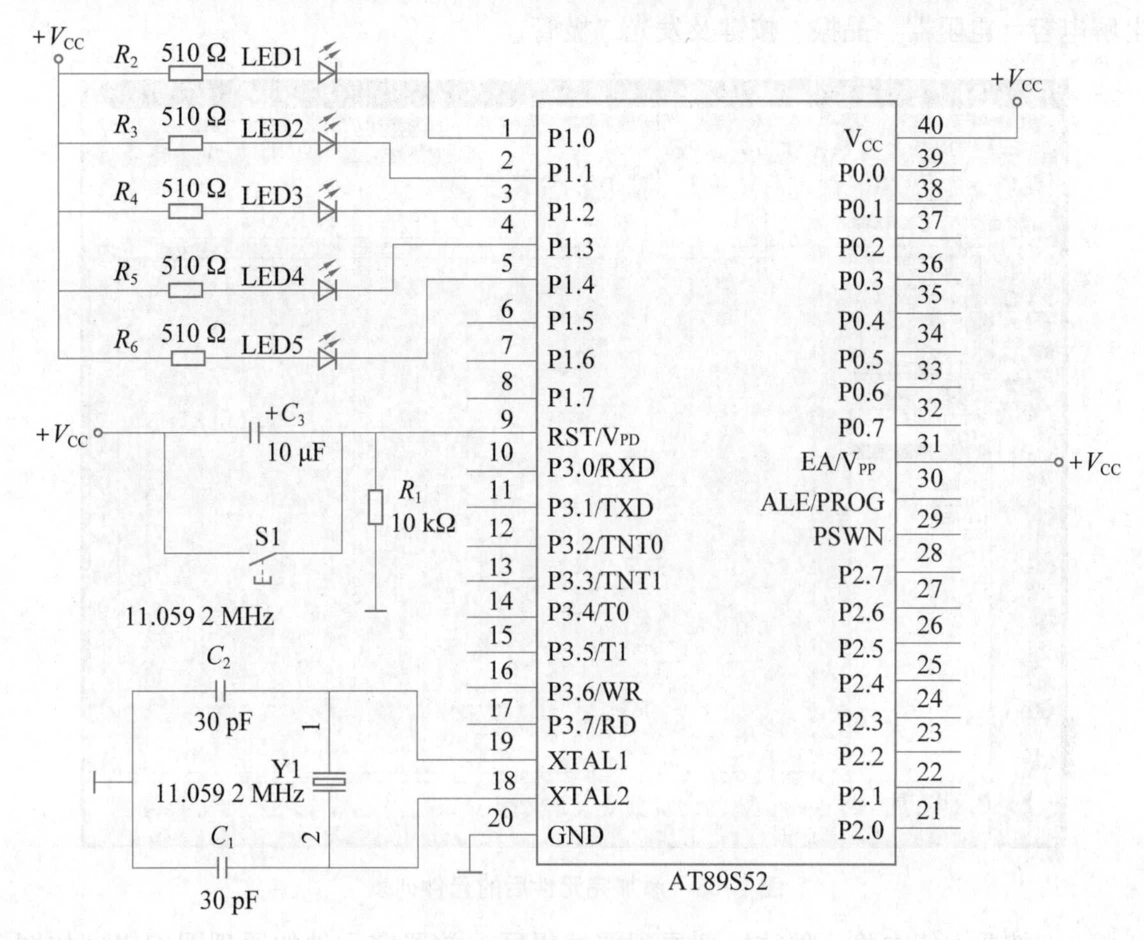

图 1-62　流水灯电路

该电路中用到的元件如表 1-10 所示。

表 1-10　流水灯电路用到的元件

序号	名称	符号	型号/参数	数量	关键字
1	单片机	U1	AT89S52	1	AT89C52 或(8051)
2	瓷片电容	C_1、C_2	30 pF	2	CAP
3	电解电容	C_3	10 μF	1	CAP
4	电阻器	R_1	10 kΩ	1	RESISTORS 或(RES)
5	电阻器	R_2~R_6	510 Ω	5	RESISTORS 或(RES)
6	晶振	Y1	11. 059 2 MHz	1	CRYSTAL
7	按键	S1		1	BUTTON
8	发光二极管	LED1~LED5		5	LED

1)放置元件

步骤 1：将流水灯电路中用到的元件添加到元件列表中。添加方法在此不再重复，关键字可参照表 1-10，添加完元件后的元件列表如图 1-63 所示。

由图 1-63 可知，已经添加了单片机流水灯电路所用到的 7 种元器件，即单片机、瓷片电容、电解电容、电阻器、晶振、按键及发光二极管。

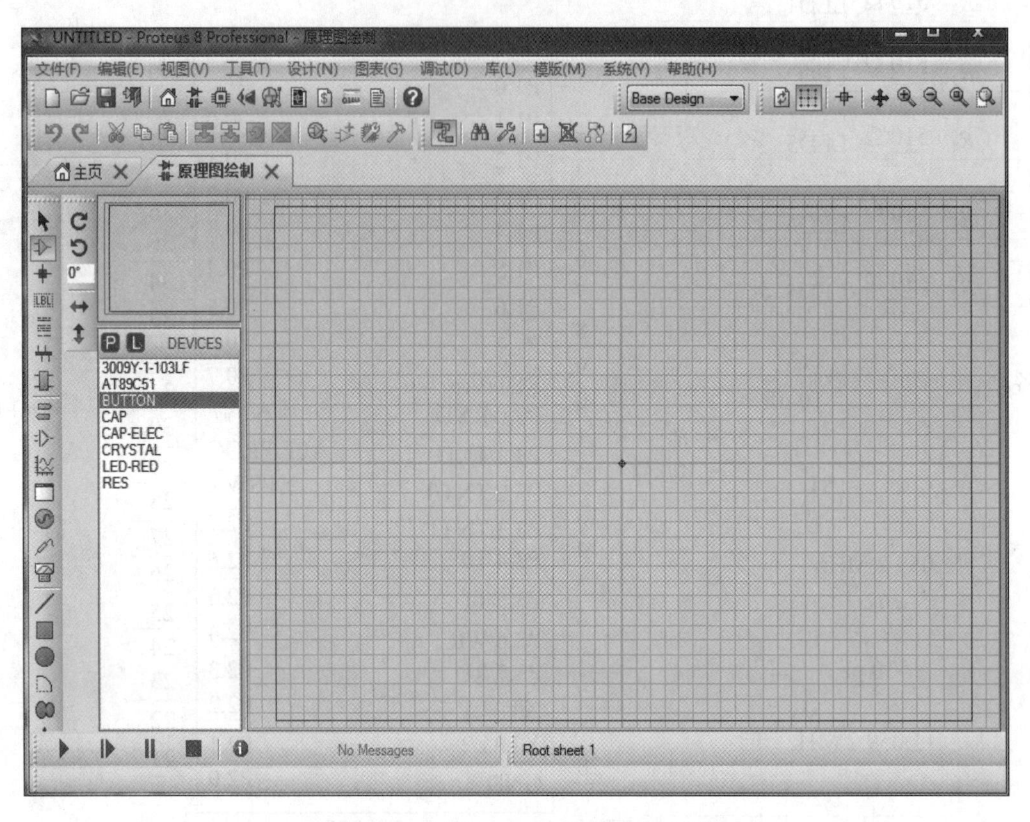

图 1-63 添加完元件后的元件列表

步骤 2：按要求依次将元件放置到原理图编辑区，放置完元件的原理图编辑区如图 1-64 所示。

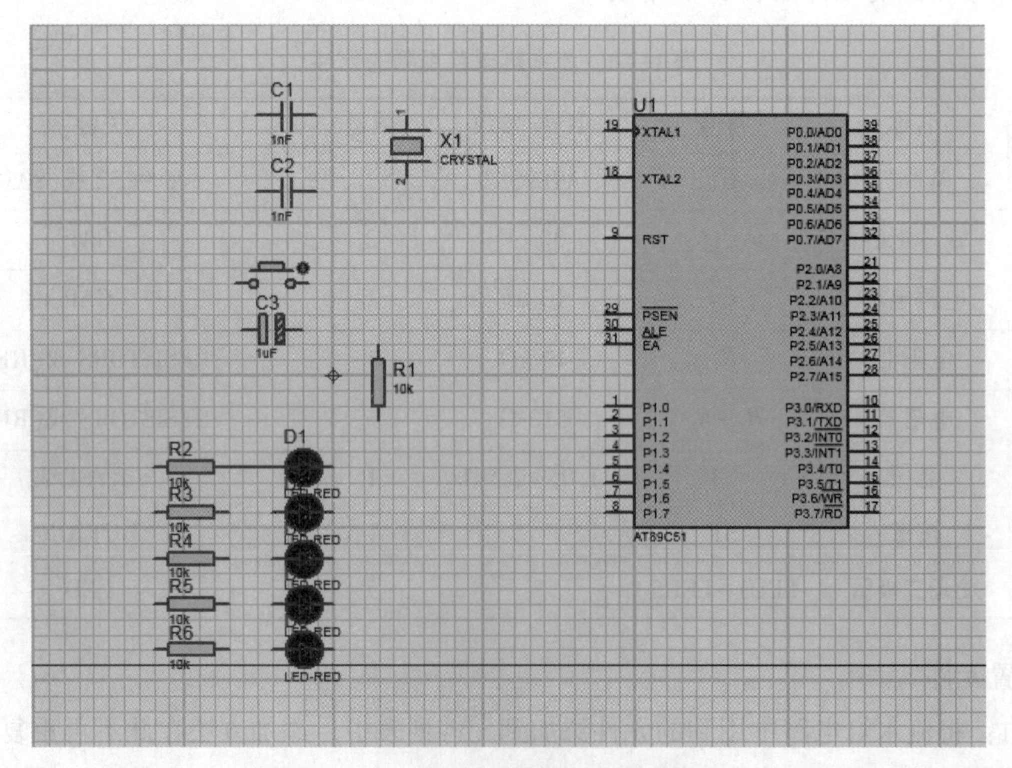

图 1-64 放置完元件的原理图编辑区

2) 调整元件标注

(1) 一般调整。

步骤 1：双击需要调整标注的元件，打开编辑元件对话框。

步骤 2：在编辑元件对话框中完成对元件标注的调整，如图 1-65 所示。

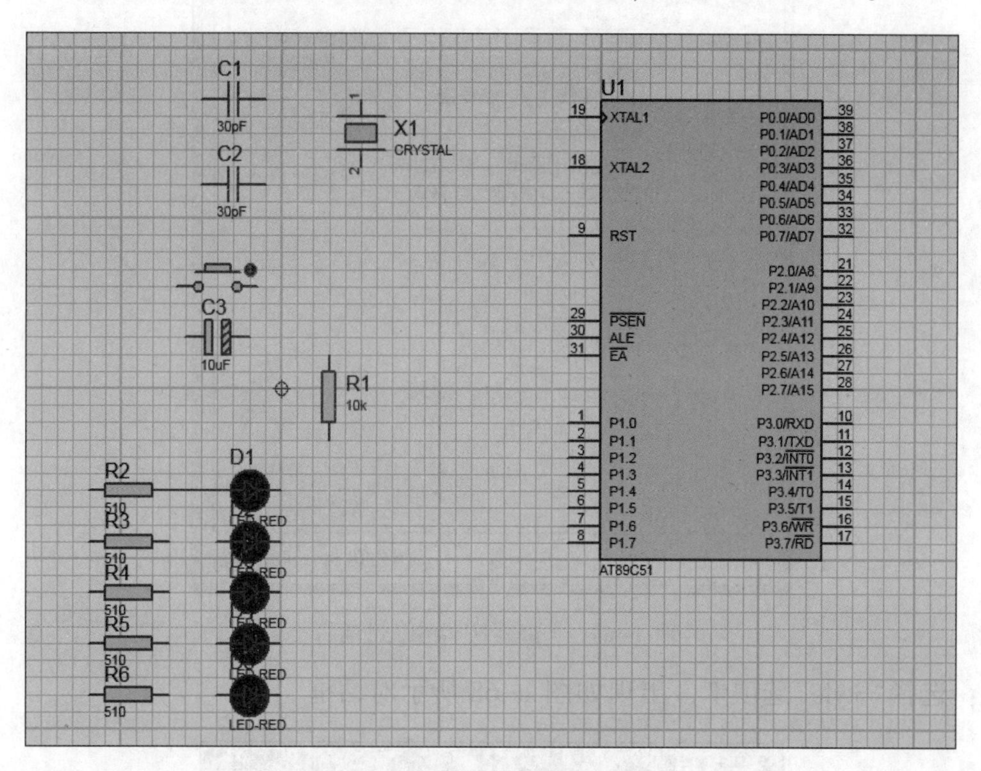

图 1-65　完成对元件标注的调整

(2) 调整字体高度。

在调整元件标注的过程中，也可对标注字体高度进行修改。下面以在原理图再放一只容量标注“1 nF”的电容器 C_4 为例进行介绍。

放置好的电容符号及标注如图 1-66 所示。

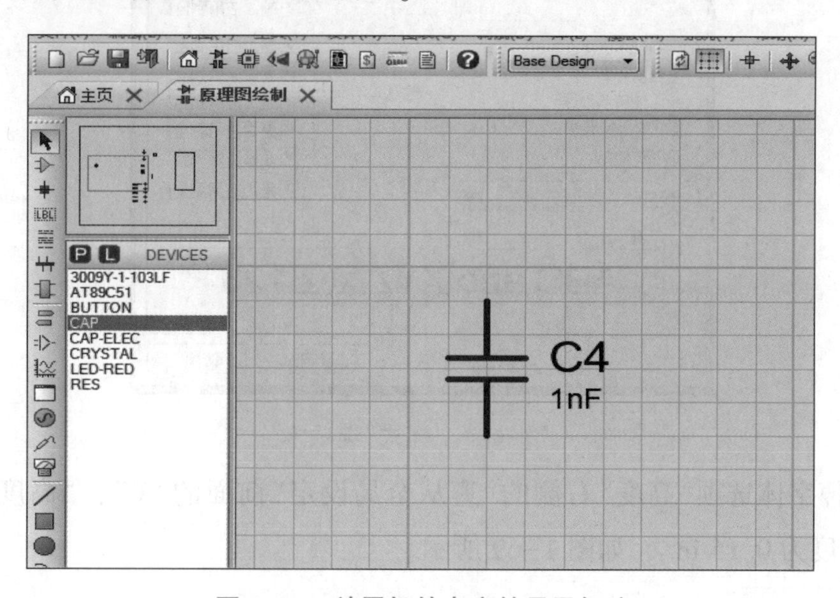

图 1-66　放置好的电容符号及标注

对标注“1 nF”字体高度进行修改的具体操作步骤如下：

步骤1：将鼠标移动到标注“1 nF”处双击，弹出“编辑零件值”对话框，如图1-67所示。

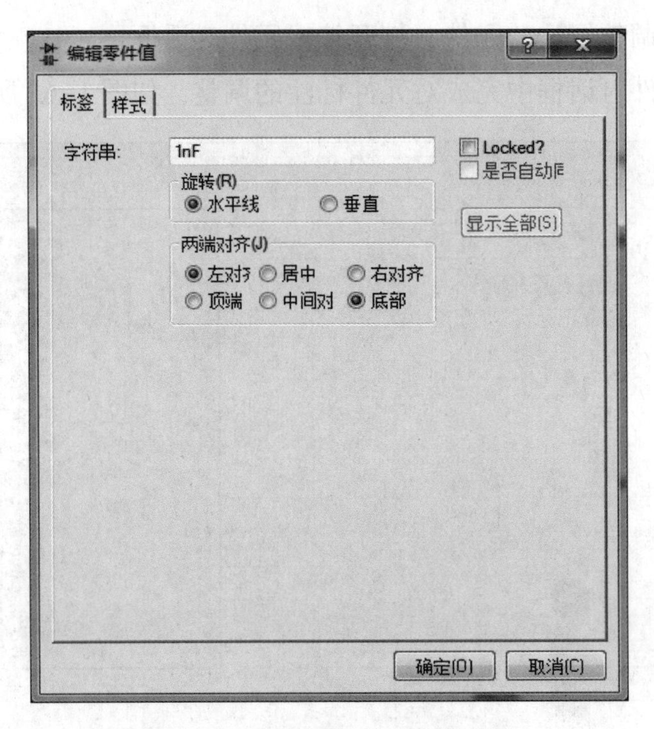

图1-67 “编辑零件值”对话框

步骤2：选择“Style”选项卡，出现如图1-68所示对话框。

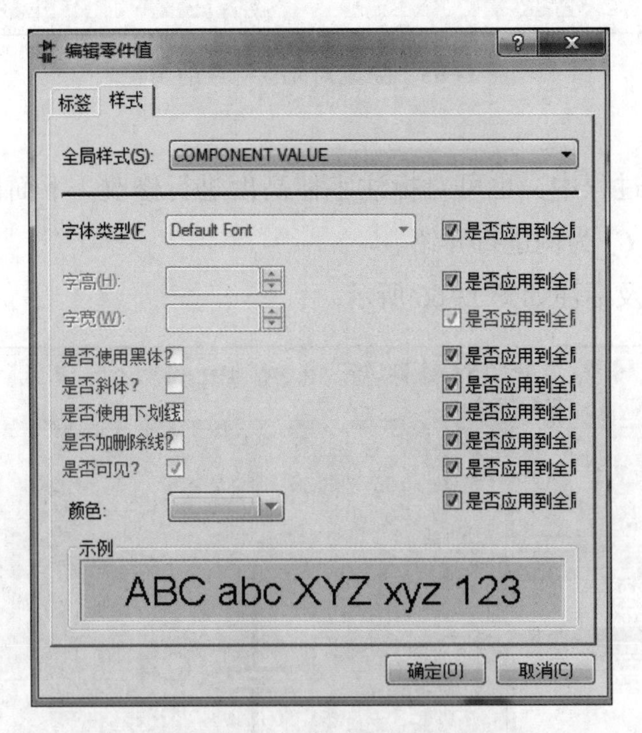

图1-68 “样式”选项卡

步骤3：去掉字体选项“高度”右侧的“遵从全局设定”前面的“V”，“高度”选项变为可修改状态，修改高度为0.15 in①，如图1-69所示。

① 英寸，1 in=2.54 cm。

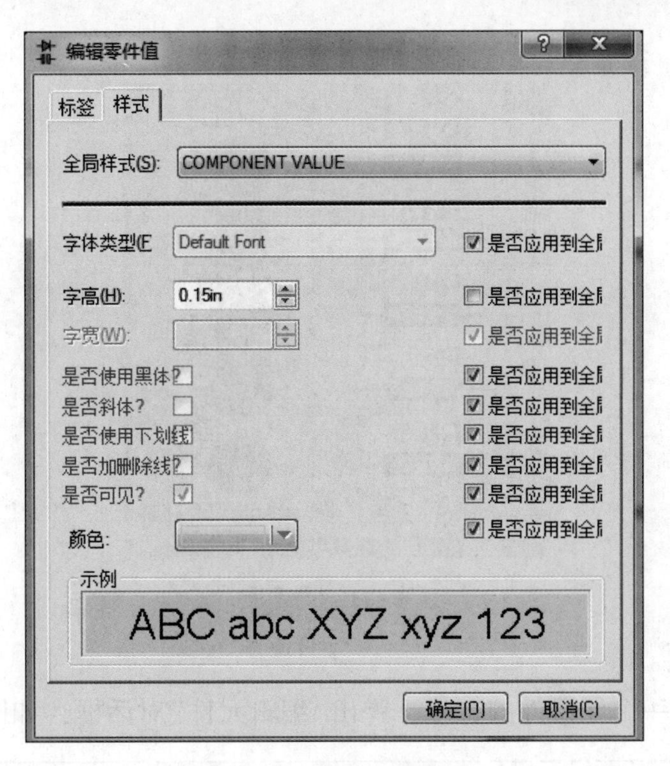

图 1-69　修改字体高度

步骤 4：单击“确定”按钮，字体高度修改完毕。修改完的电容容量标注“1 nF”字体，如图 1-70 所示。

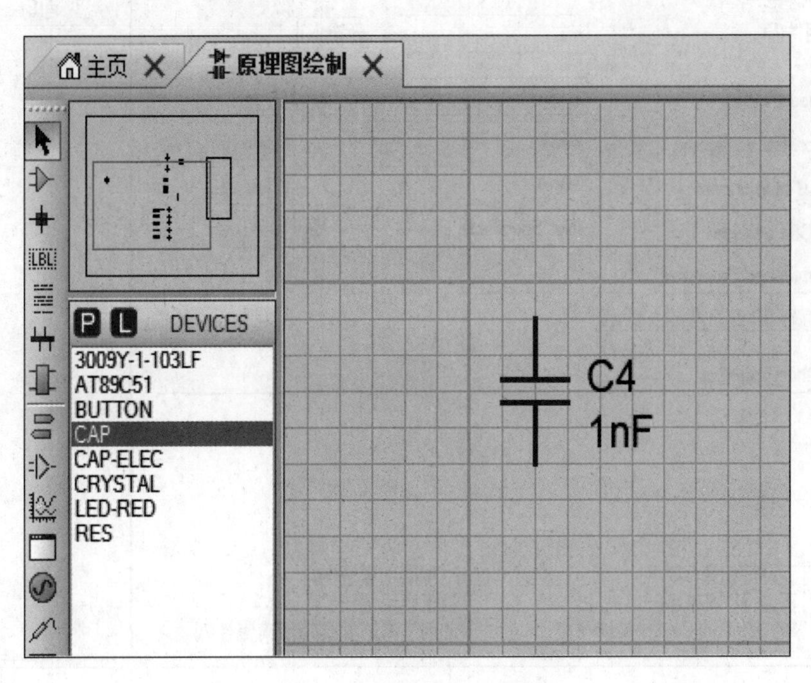

图 1-70　标注“1nF”字体

通过此次调整，C_4 的容量字体变大了。不过，要注意，只有觉得元器件文本需要调整再去调整。本任务原理图元器件的文本字体大小都不需要调整。

(3) 隐藏参数。

如何把元件符号中的一部分参数隐藏起来呢？本原理图中，发光二极管的 D1～D5 和 5 个 LED-RED 文本叠加，显得混乱，可以把 5 个 LED-RED 文本隐藏，保留 D1～D5，如图 1-71

所示。

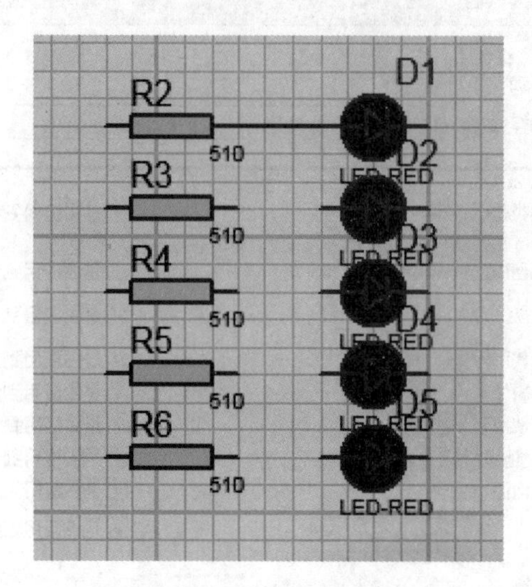

图 1-71　原理图

具体操作步骤如下。

步骤 1：单击其中一个元器件的符号，弹出"编辑元件"对话框，如图 1-72 所示。

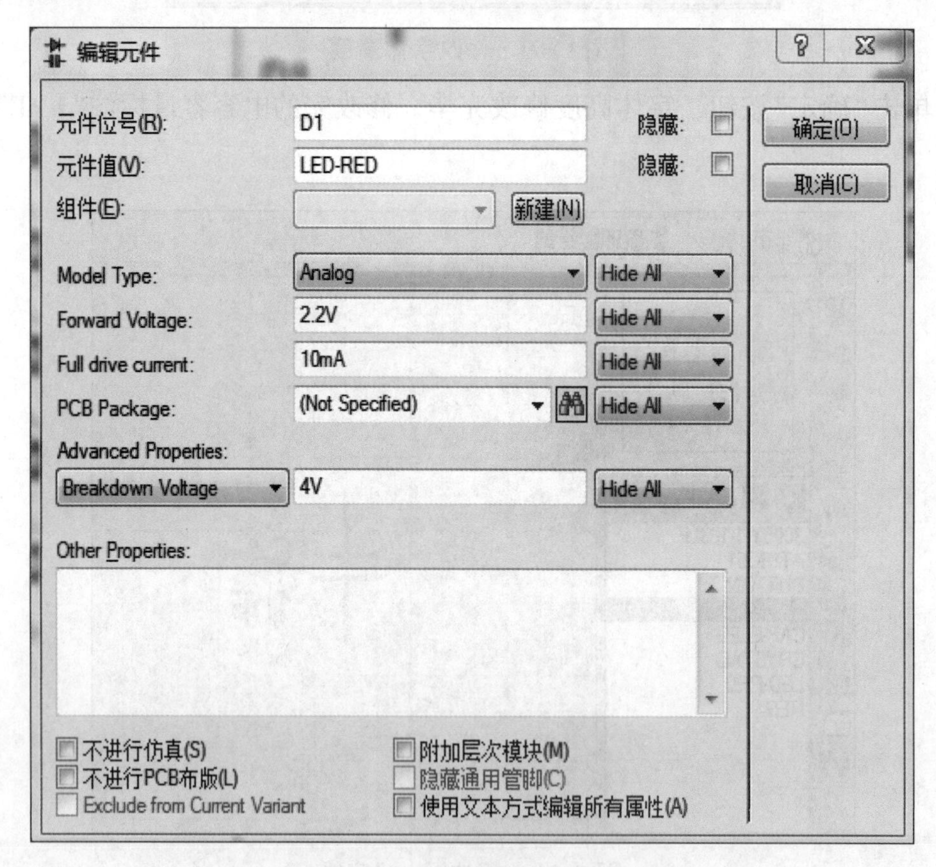

图 1-72　"编辑元件"对话框

步骤 2：单击"元件值"后的隐藏，由 ☐ 变为 ☑，如图 1-73 所示。

步骤 3：单击"确定"按钮，则该元件的"LED-RED"被隐藏起来。

步骤 4：重复上述动作，将其他发光二极管的参数隐藏起来，如图 1-74 所示。

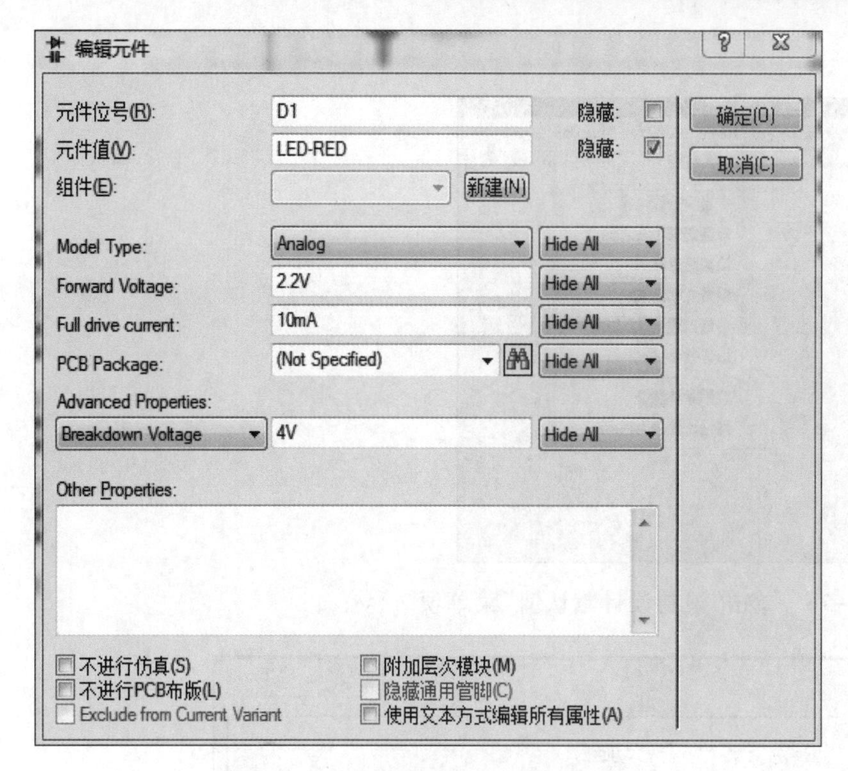

图 1-73　单击“元件值”后的隐藏

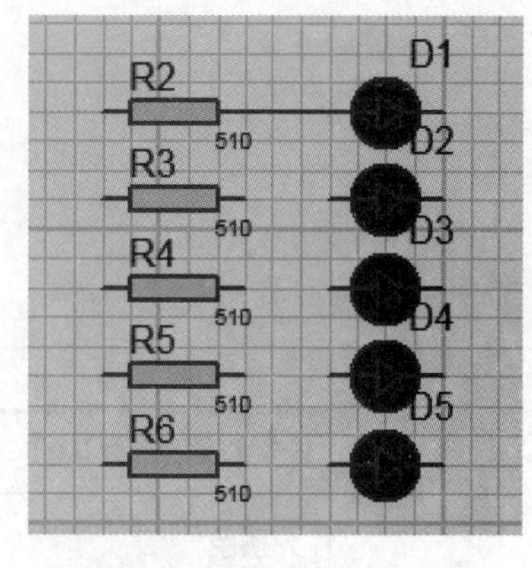

图 1-74　隐藏二极管的参数

(4)隐藏文本。

有时建好原理图，发现其中的元器件符号上都带有“<TEXT>”，如图 1-75 所示。

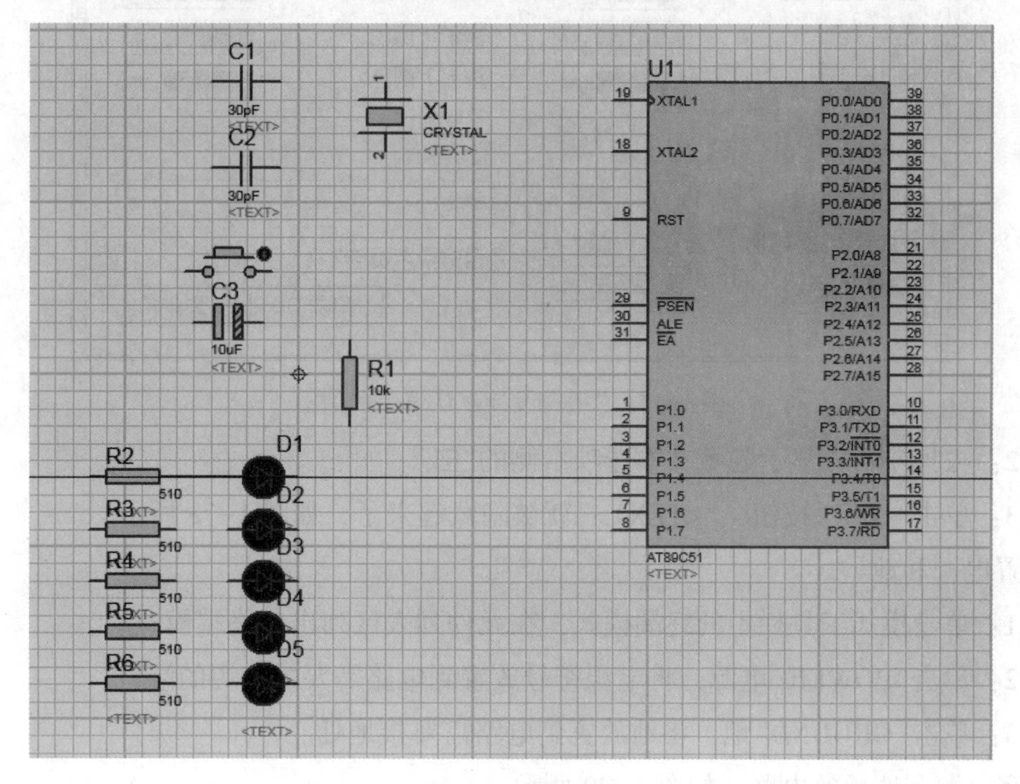

图 1-75　原理图

如何把元件符号中的“<TEXT>”隐藏起来呢？具体操作步骤如下。

步骤 1：单击【模板】【设置设计默认值】菜单项，如图 1-76 所示，弹出“编辑设计默认值”

对话框，如图 1-77 所示。

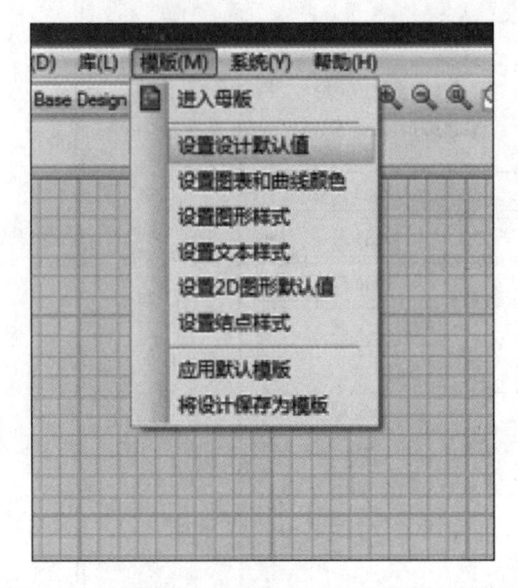

图 1-76 单击“设置设计默认值”菜单项

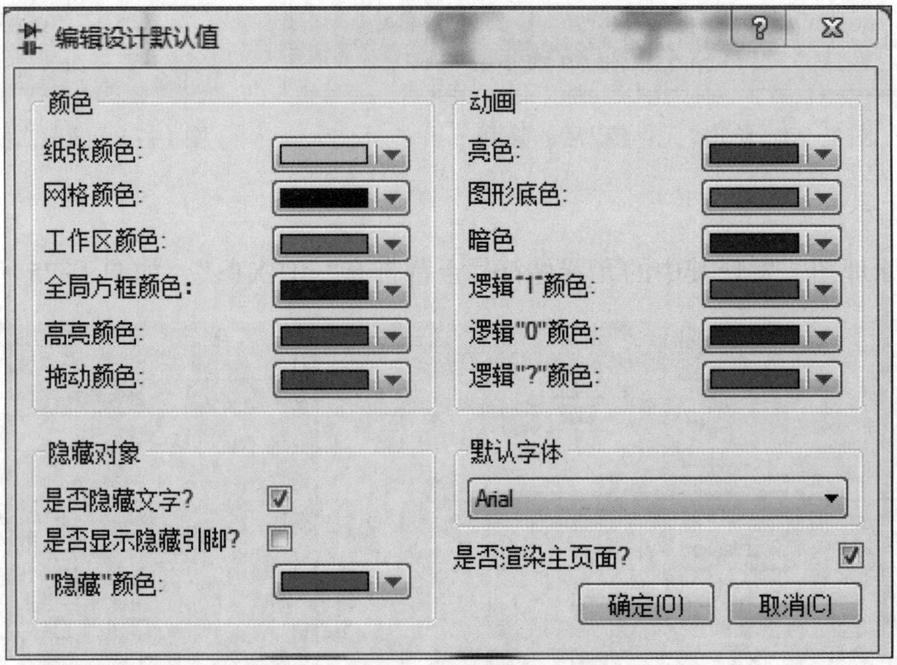

图 1-77 “编辑设计默认值”对话框

步骤 2：去掉左下方显示隐藏文本选项右侧的“☑”。

步骤 3：单击“确定”按钮，“<TEXT>”就被隐藏起来了，如图 1-78 所示。

3) 放置电源和地

步骤 1：单击模式工具栏中的终端模式，在元件列表区列出各终端模式。

步骤 2：单击“POWER”电源，将电源符号放置到电路需要接电源的端口。

步骤 3：单击“GROUND”地，将地放置到电路需要接地处。

放置完电源和地后的电路，如图 1-79 所示。

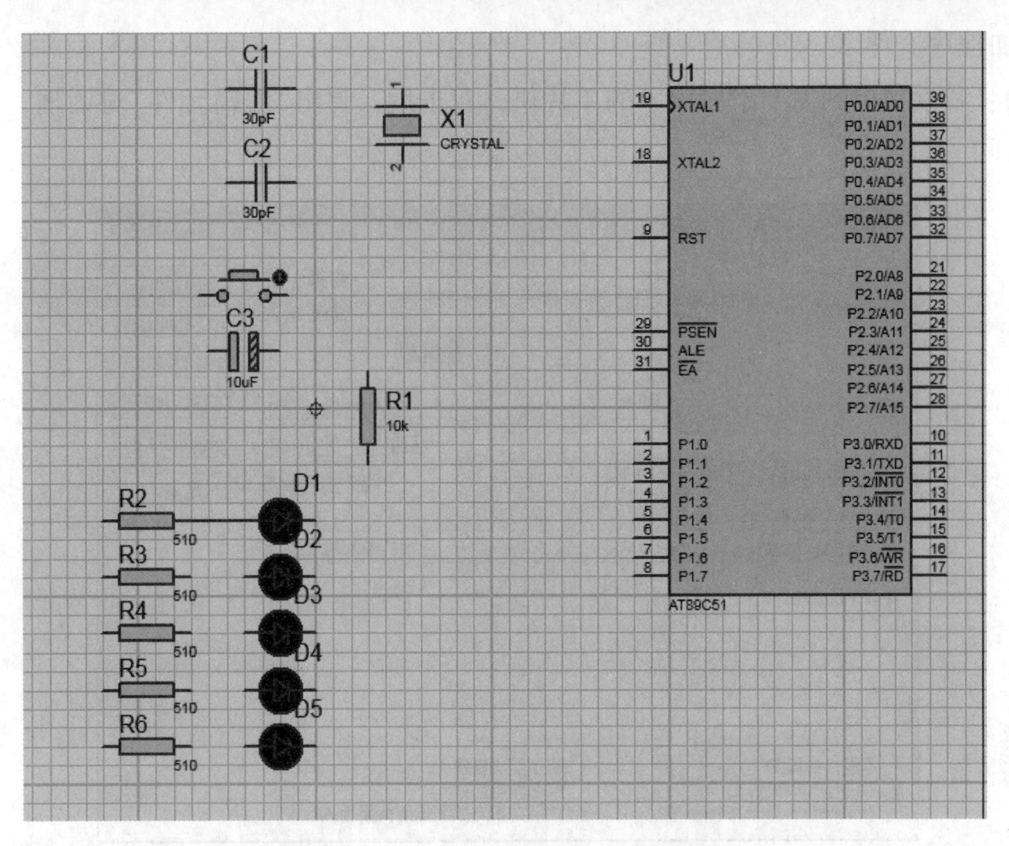

图 1-78　“<TEXT>”隐藏后的原理图

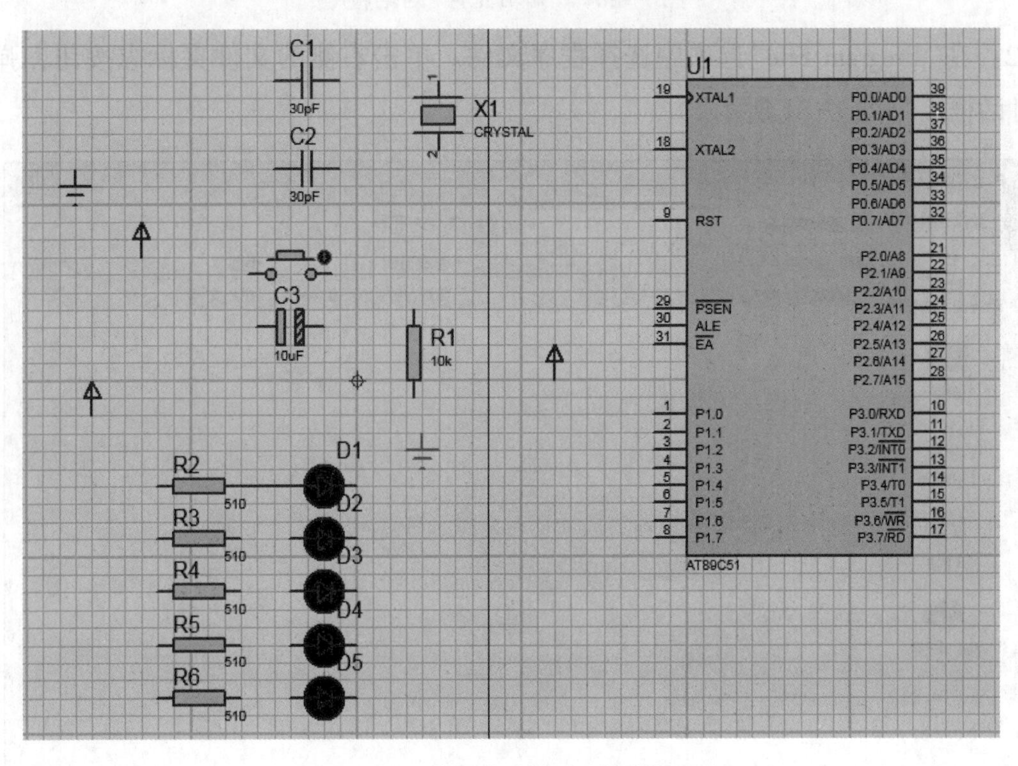

图 1-79　放置完电源和地后的电路

2. 仿真运行

电路图绘制完后，需要给单片机添加一个程序文件。可以在另外一个文件中将程序写好并进行编译，编译后生成 HEX 文件，生成 HEX 文件的方法参照前面。本任务中生成的编译文件名为流水灯 . hex.

1) 添加程序文件

步骤 1：移动鼠标到需要添加程序的单片机，双击后，弹出“编辑元件”对话框，如图 1-80 所示。

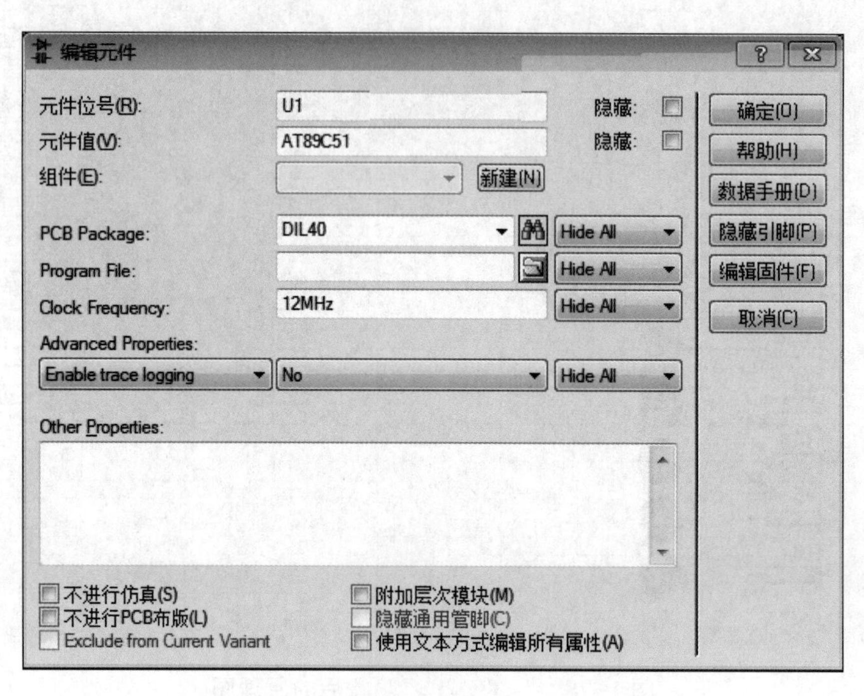

图 1-80 “编辑元件”对话框

步骤 2：在“Program File”选项中选择程序文件。单击右侧的文件夹标志按钮，弹出“选中文件名”对话框，如图 1-81 所示。

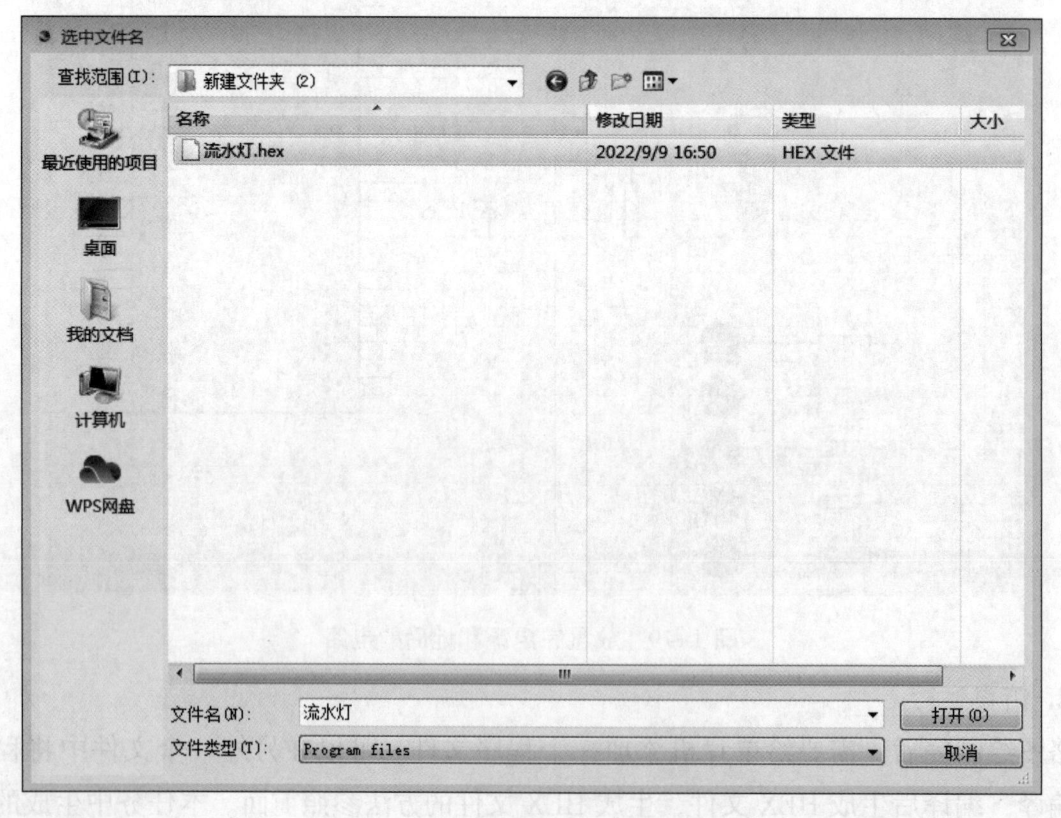

图 1-81 “选中文件名”对话框

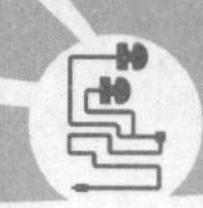

步骤 3：选择好程序文件后，单击“打开”按钮，完成程序文件的选择，回到“编辑元件”对话框。

步骤 4：在“编辑元件”对话框中单击“确定”按钮，结束程序文件的添加。

2) 仿真运行

要验证添加的程序是否正确，可以进行仿真运行。在添加完程序文件，检查电路图无误后，单击“仿真”按钮，流水灯如果按预想的效果轮流闪烁，说明电路是正确的，反之，就需要进行电路的检查与程序的修改。单击“停止”按钮，停止仿真运行。

小提示：本任务中流水灯电路 C 语言程序参考如下：

```
#include <reg52.h>
void delay ( );
void main ( )
{
    while (1)
    {
        P1=0XFE;                        //向 P1 口发送十六进制数 0XFE,转化为 8 位
                                          二进制数为 11111110,P1.0 为 0,点亮第一盏灯
        delay( );                       //延时 1 s 左右
        P1=0XFD;                        //向 P1 口发送十六进制数 0XFD,转化为 8 位二进
                                          制位为 11111101, P1.1 为 0,点亮第二盏灯
        delay( );                       //延时
        P1=0XFB;
        delay( );
        P1=0XF7;
        delay( );
        P1=0XEF;
        delay( );
    }
}
void delay( )
{
    int i, j;
    for (i=0; i <1000; i++)
    for (j=0; j <115; j++);
}
```

第二章 技能训练

任务一 MC51 硬件及 Keil 的编程

思维导图

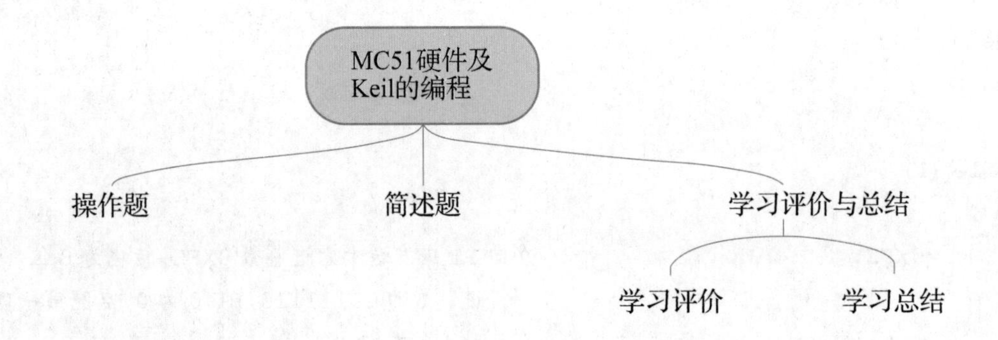

一、操作题

1. Keil 工程的创建

Keil 工程的创建与存盘根据以下要求进行相关操作：

(1) 在 D 盘的根目录下新建一个名为"单片机学习+姓名"的文件夹。

(2) 在"单片机学习+姓名"文件夹下新建一个名为"Project2_2"的文件夹。

(3) 在"Project2_2"文件夹下，新建一个名为"Project2_2"的工程。

(4) 在"Project2_2"工程中，新建一个名为"Project2_2. c"的文件。

2. 程序的编写与编译

(1) 在上述建立的"Project2_2. c"文件中，输入以下 C 语言源程序并存盘。

```
#include <reg52.h>
sbit D2 = P2^6;
void main ( )
{
    D2 = 0;
}
```

(2) 对以上程序进行编译，并生成 HEX 文件。

(3) 读懂以上程序。

3. 程序的下载与实验效果的观看

(1) 利用 SLISP 软件把以上程序下载到 AT89S52 单片机中。根据程序的要求连接好单片机外围硬件电路。

(2)上电进行实验效果的观看。

二、简述题

(1)MCS-51 单片机有哪四个控制信号，对应 C51 的管脚各起什么作用。

(2)简述 P3 口的功能。

(3)编写基本的延时模块。

(4)单片机的最小系统正常工作需要哪些条件？其硬件如何连接？

(5)发光二极管限流电阻的阻值是如何计算出来的？

三、学习评价与总结

1. 学习评价(表 1-11)

表 1-11　学习评价

评价项目	项目评价与内容	分值	自我评价	小组评价	教师评价	得分
理论知识	C51 单片机的总体结构及引脚	10				
	时钟电路和复位电路是否掌握	10				
	单片机数据类型、运算符、基本语句是否掌握	10				
操作技能	工具软件的使用	10				
	元件的选择与测试	10				
	硬件制作与测试	10				
	程序的编写和测试	10				
学习态度	出勤情况及纪律	5				
	团队协作精神	10				
安全文明生产	工具的正确使用及维护	10				
	实训场地的整理和卫生保持	5				
综合评价		100				

2. 学习总结(表 1-12)

表 1-12　学习总结

成功之处	
不足之处	
如何改进	

任务二 Proteus 仿真软件应用

思维导图

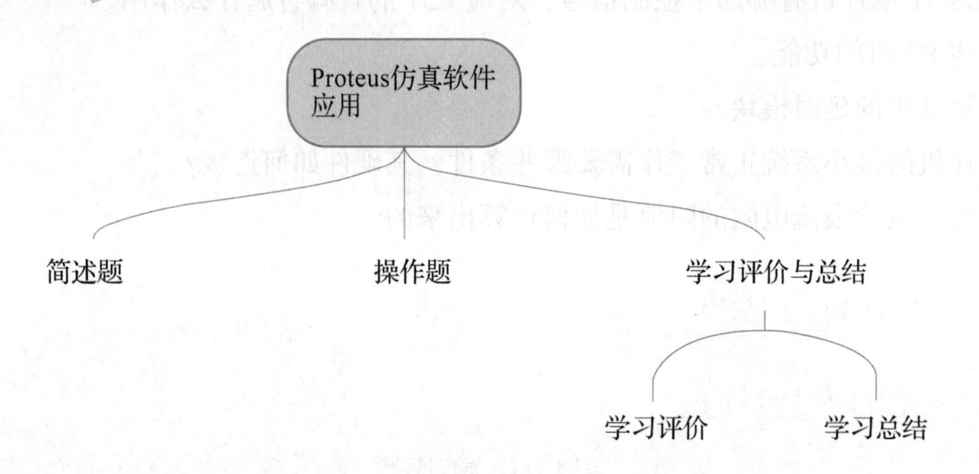

一、简述题

(1) Proteus 用户界面主要由哪几部分组成？

(2) 简述添加元件的具体操作方法与步骤。

(3) 在原理图编辑状态下，鼠标左右键各有什么功能？

(4) 原理图的平移和缩放常用的方法有哪些？

二、操作题

图 1-82 所示为点亮发光二极管电路，由单片机最小系统和发光二极管电路组成。

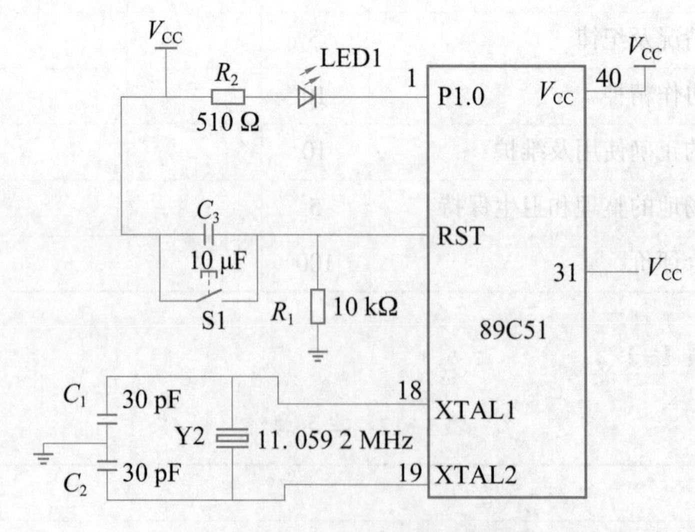

图 1-82 点亮发光二极管电路

1. 添加元件

启动 Proteus 仿真软件，出现用户操作界面。在操作界面环境下，选择元件模式，把图 1-82 所示电路中出现的元件添加到元件列表区中。

2. 绘制原理图

在原理图编辑区，绘制图 1-82 所示单片机及其外围电路原理图，并保存。

3. 仿真

对绘制的原理图进行电路仿真。把本项目中编译生成的 HEX 文件添加到单片机中，然后对电路进行仿真，并观察仿真结果。

三、学习评价与总结

1. 学习评价(表 1-13)

表 1-13 学习评价

评价项目	项目评价与内容	分值	自我评价	小组评价	教师评价	得分
理论知识	Proteus 界面是否熟悉	10				
	Proteus 各项操作是否熟悉	10				
	单片机数据类型、运算符、基本语句是否掌握	10				
操作技能	原理图能否熟练画出	10				
	元件能否迅速找到	10				
	程序的编写	10				
	程序能否添加到原理图	10				
学习态度	出勤情况及纪律	5				
	团队协作精神	10				
安全文明生产	工具的正确使用及维护	10				
	实训场地的整理和卫生保持	5				
综合评价		100				

2. 学习总结(表 1-14)

表 1-14 学习总结

成功之处	
不足之处	
如何改进	

模块二

发光二极管的控制（初级篇）

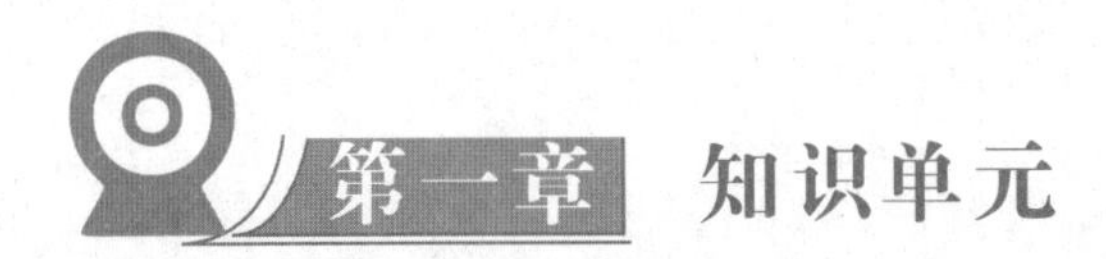

任务一　延时小灯的控制

思维导图

- 延时小灯的控制
  - 任务描述
  - 知识链接
    - 单片机的几个周期介绍
    - 不带参数函数的写法及调用
    - for语句及简单延时语句
    - while（ ）语句
  - 认识并搭接外围电路
    - 认识电路
    - 电路仿真
    - 搭接电路
  - 程序的编写、编译与下载
    - 程序的编写
    - 程序的编译与下载

一、任务描述

使用单片机的 P1.0 脚去控制一个发光二极管按 1 s 时间间隔进行亮灭闪烁，即完成延时小灯的设计。

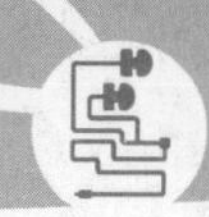

二、认识并搭接外围电路

1. 认识电路

如图 2-1 所示，该电路由两部分组成，一部分是单片机的最小系统工作电路，另一部分是 P1.0 脚外接发光二极管电路。

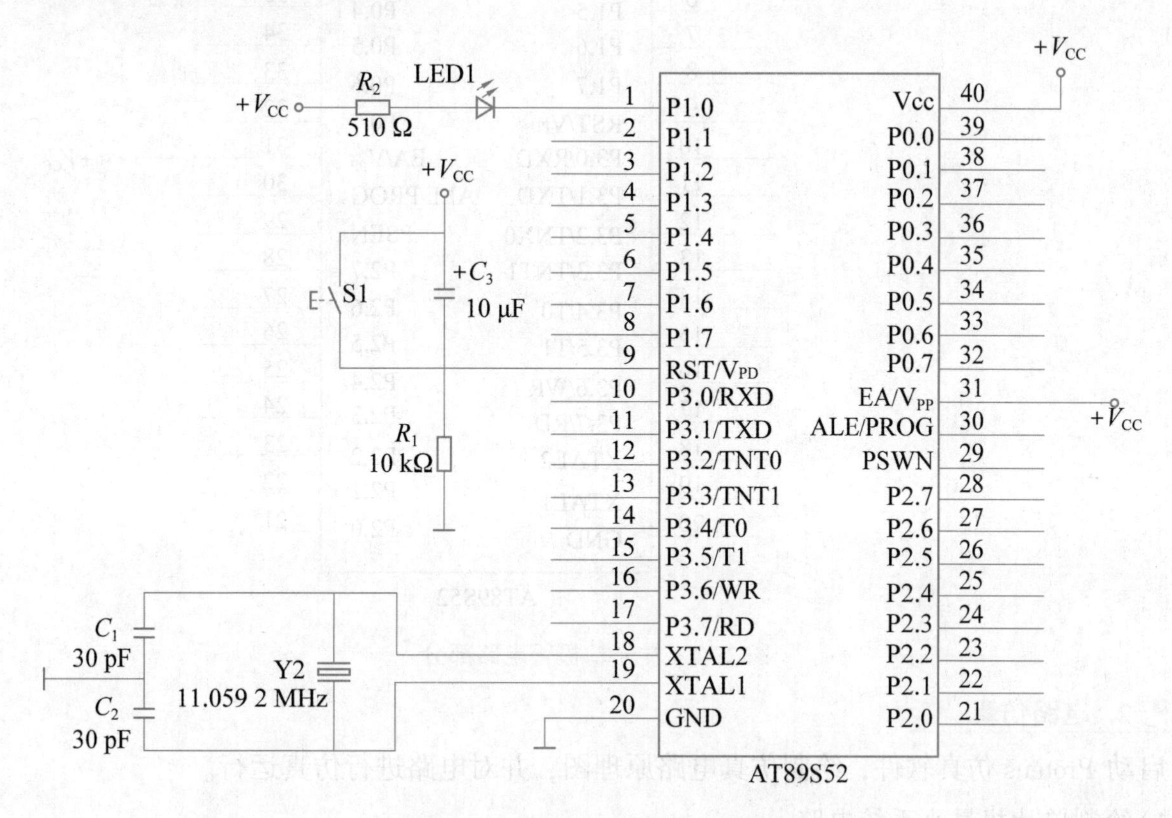

图 2-1　延时小灯的控制电路

本任务主要关注的是 P1.0 脚外接一个发光二极管电路部分，如图 2-2 所示。当单片机的 P1.0 脚的输出为低电平时，发光二极管将被点亮，而当 P1.0 脚的输出为高电平时，发光二极管会熄灭。因此，对于该外围电路，只要通过编写程序使单片机的 P1.0 脚输出低电平持续一段时间，然后输出高电平持续一段时间，再输出低电平持续一段时间……这样不断循环，就可以使与 P1.0 脚相连接的发光二极管实现亮灭闪烁。

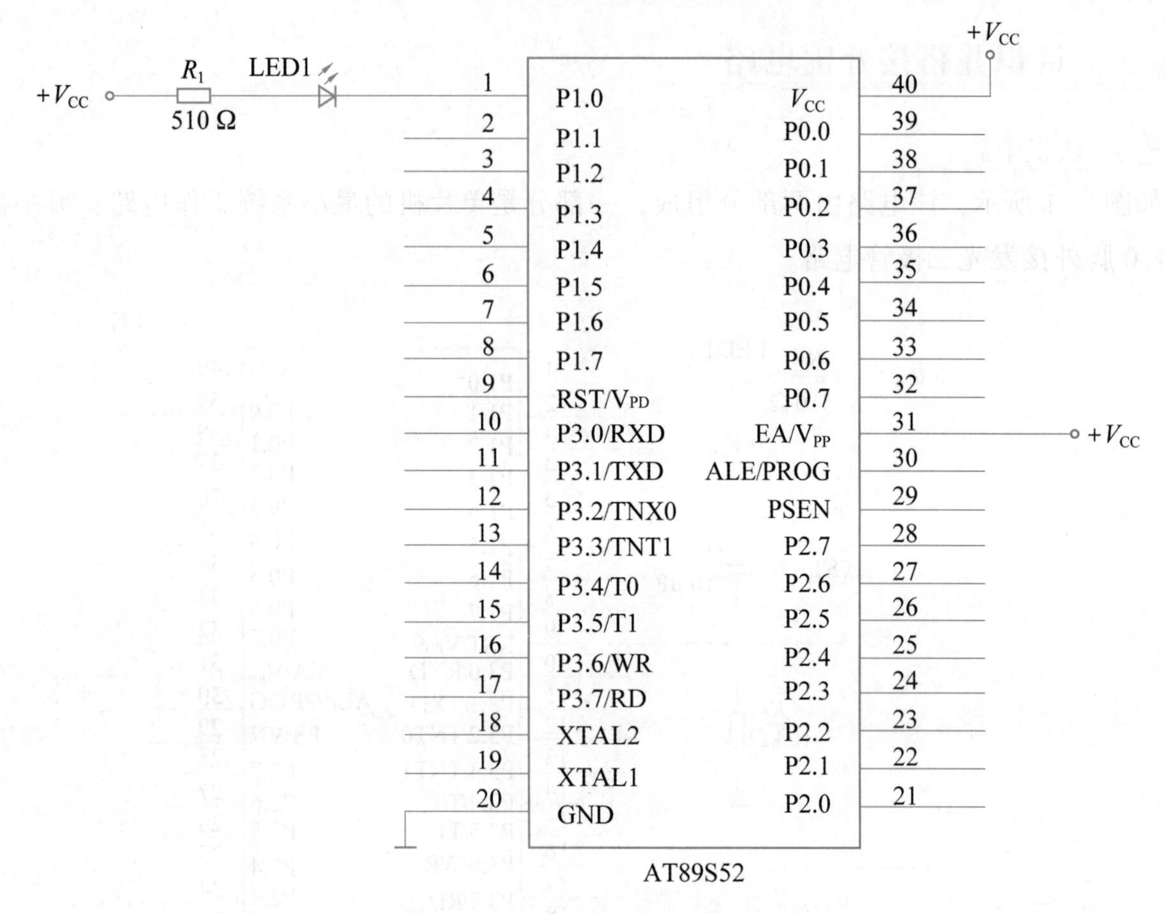

图 2-2　发光二极管电路部分

2. 电路仿真

启动 Proteus 仿真软件，绘制仿真电路原理图，并对电路进行仿真运行。

1) 绘制单片机最小系统电路

步骤 1：启动 Proteus 仿真软件，进入用户操作界面。

步骤 2：添加所需元件到元件列表区。添加完元件的元件列表区如图 2-3 所示。

图 2-3　添加完元件的元件列表区

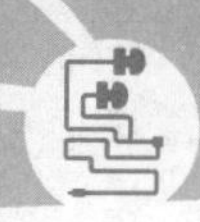

步骤 3：绘制单片机最小系统电路仿真原理图。绘制完的仿真电路如图 2-4 所示。

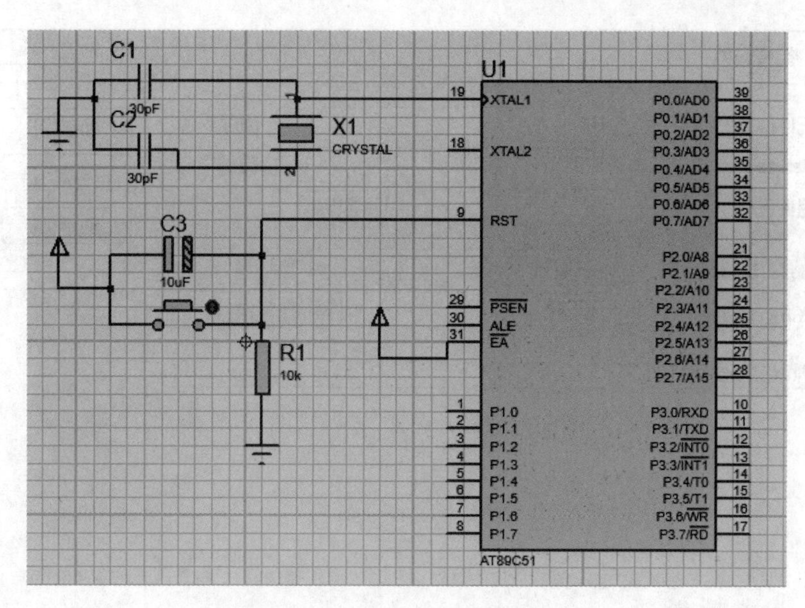

图 2-4　绘制完的仿真电路

2)绘制延时小灯控制电路

步骤 1：打开单片机最小系统仿真电路图。

步骤 2：在元件模式下添加所需元件。移动鼠标到元件模式下单击，选中元件模式；单击元件选取按钮 P，出现选取元件对话框；在关键字处输入 LED，在类别中单击 Optoelectronics，找到 LED-RED(红色 LED)，当然也可以选择其他颜色，双击将其添加到元件列表区，如图 2-5 所示。

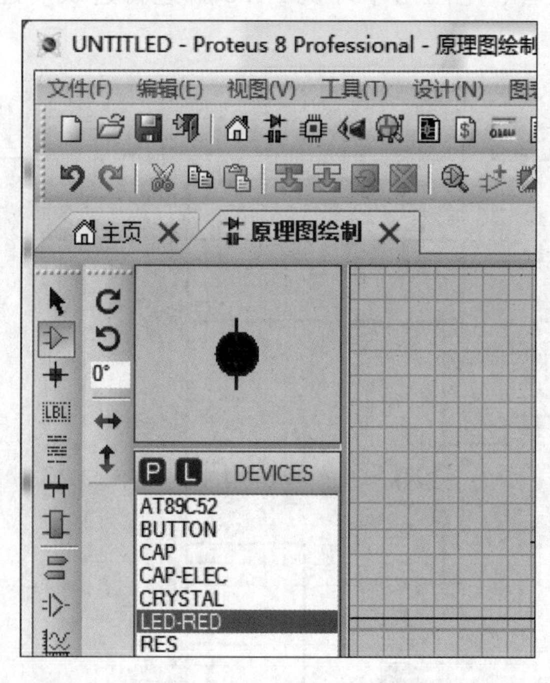

图 2-5　添加“LED-RED”到元件列表区

步骤 3：放置电阻并修改参数。在元件列表区中单击 RES，选中电阻元件，把电阻元件放置到单片机 P1.0 脚的左边。双击弹出“编辑元件”对话框，在 Resistance 中将它的阻值更改为

510，如图 2-6 所示。单击“确定”按钮，完成参数的修改。

编辑元件

元件位号(R): R2 隐藏:

Resistance: 510 隐藏:

组件(E): 新建(N)

Model Type: ANALOG Hide All

PCB Package: RES40 Hide All

Other Properties:

不进行仿真(S)

不进行PCB布版(L)

Exclude from Current Variant

附加层次模块(M)

隐藏通用管脚(C)

使用文本方式编辑所有属性(A)

确定(O)

帮助(H)

取消(C)

图 2-6 “编辑元件”对话框

步骤 4：放置发光二极管。在元件列表区中单击 LED-RED，选中发光二极管，单击逆时针旋转按钮，旋转 90°，发光二极管的负极向右、正极向左，把其放置到电阻的左侧。

步骤 5：放置电源及连线。选择终端模式，单击电源 POWER，把电源放置到电阻的左侧位置，并把电源、发光二极管、电阻与单片机 P1.0 脚进行连线。连完线后的延时小灯控制电路如图 2-7 所示。

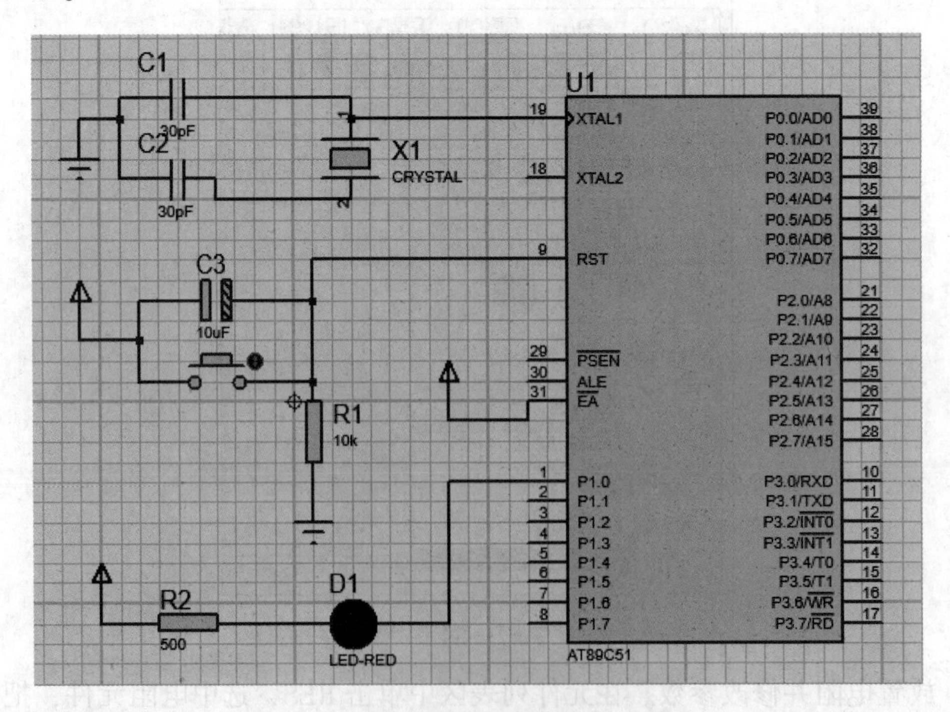

图 2-7 连完线后的延时小灯控制电路

步骤 6：添加延时小灯 . hex 文件。双击单片机元件，弹出“编辑元件”对话框，在 Program File 选项的右侧单击文件夹图标，找到已经编译好的延时小灯 . hex 文件，如图 2-8 所示，单击“确定”按钮。

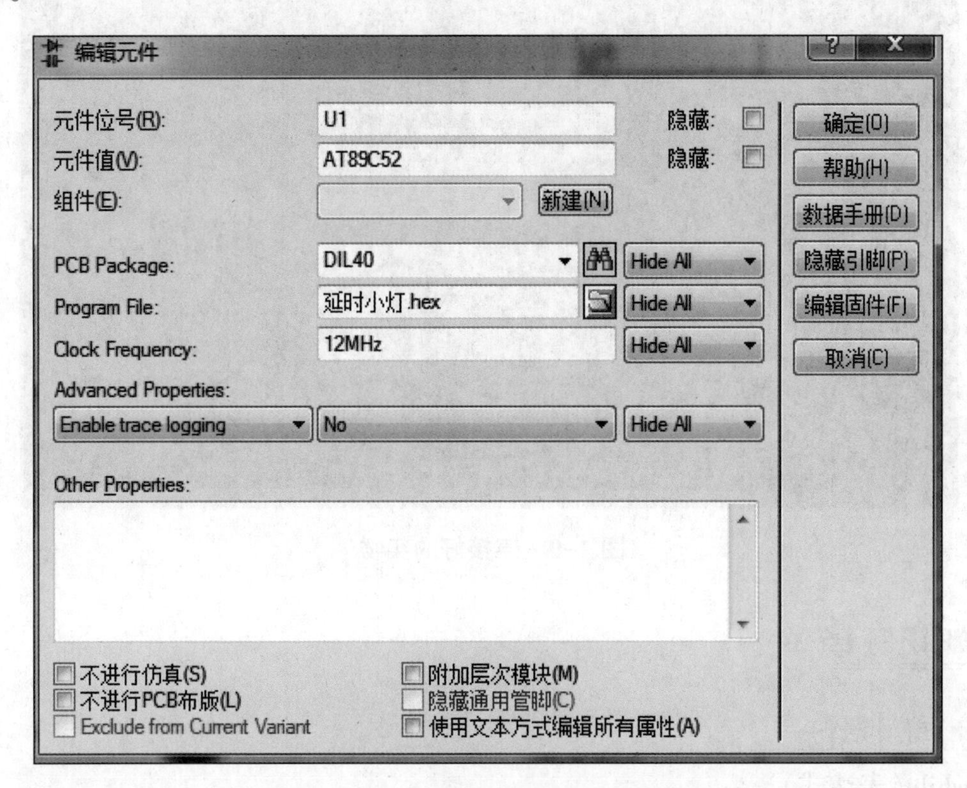

图 2-8　添加延时小灯 . hex 文件

步骤 7：仿真运行。单击左下角的仿真运行按钮，查看仿真效果。

3. 搭接电路

根据原理图及已有的硬件设备搭接好电路。首先连接并检查单片机最小系统正常工作所需的电路，然后按要求在 P1.0 脚上接好发光二极管、限流电阻及电源。本项目采用的是由模块组合的开发板，需要用到单片机模块和 LED 显示模块。

说明：

(1)单片机的最小系统工作电路已做在单片机模块中。

(2)限流电阻也已做在 LED 显示模块中。因此，在连线的过程中，只要考虑单片机的电源端和接地端，同时把单片机模块中的 P1.0 脚与 LED 显示模块中共阳极的 L0 端相连。

连接好的实物如图 2-9 所示。

连接好电路后，切断电源，等待程序的下载，即做好程序下载前的所有硬件准备工作。

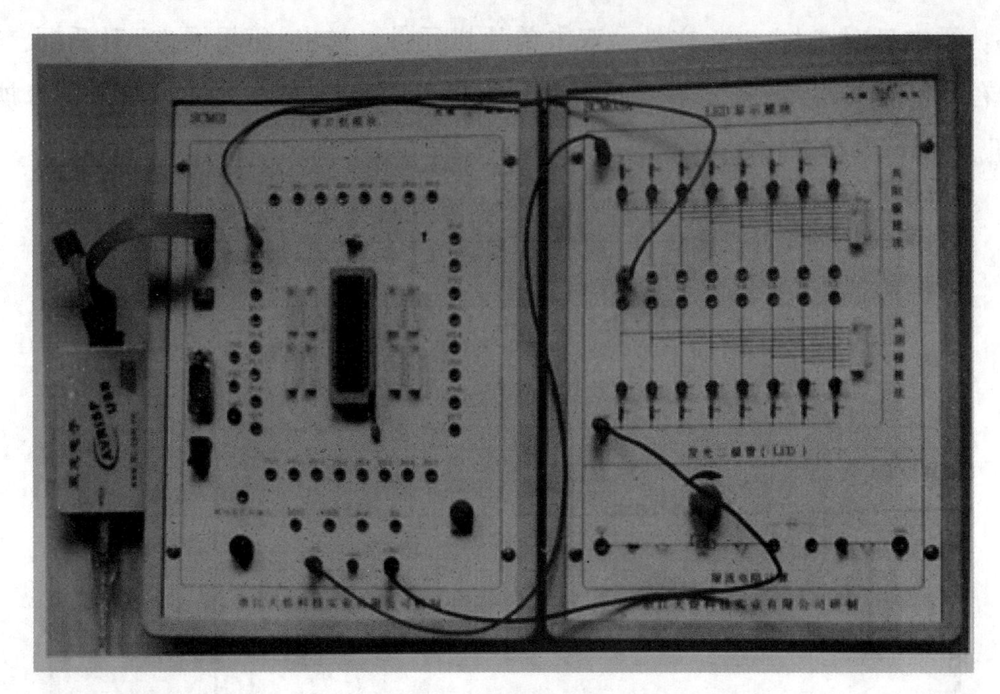

图 2-9 连接好的实物

三、知识链接

1. while( )语句

格式：while(表达式)

{内部语句(内部语句可为空)}

特点：先判断表达式，后执行内部语句。

原则：若表达式不是0，即为真，那么执行内部语句。否则跳出 while( )语句，执行后面的语句。

需注意以下三点：

(1)在C语言中一般把“0”认为是“假”；“非0”认为是“真”。也就是说，只要不是0就是真，所以1、2、3都是真。

(2)内部语句可为空，就是说 while(表达式)后面的大括号里不写任何代码也是可以的，如“while(1){}”，既然大括号里没有任何代码，那么就可以直接将大括号省略，即“while(1);”，但分号“;”一定不能少，否则 while( )会把跟在它后面的第一个分号的语句认为是它的内部语句。

例如：while(1)

P1=123;

这个例子中，while( )会把后面的“P1=123;”当作它的内部语句，即使这条语句并没有加大括号。既然如此，那么在写程序时，如果 while( )内部只有一条语句，就可以省去大括号，而直接把这条语句跟在它的后面。

③表达式可以是一个常数、一个运算式或是一个带返回值的函数。

可以利用 while( )语句编写一个完整的点亮与单片机 P1.0 脚相连接的发光二极管的程序，如下：

```
#include <reg52.h>
sbit led1=P1^0;
void main( )
{
    led1=0;
    while (1);
}
```

在程序的最后加上"while(1);"这样一条语句就可以让程序停止。因为该语句表达式值为 1，内部语句为空，执行时先判断表达式的值，因为为真，所以什么也不执行；然后再判断表达式值，仍然为真，又不执行，因为只有当表达式值为 0 时，才可跳出"while(1);"语句，所以程序将不停地执行这条语句，也就是说，单片机点亮发光二极管后将永远重复执行这条语句。

如果此程序的最后没有"while(1);"这样一条语句，程序运行时，首先进入主函数，顺序执行里面的所有语句，因为主函数中只有一条语句，当执行完这条语句后，因为编程者没有给单片机明确下一步该做什么，所以单片机在运行时就很有可能会出错。

2. for 语句及简单延时语句

格式：for(表达式 1；表达式 2；表达式 3)

{内部语句(内部语句可为空)}

执行过程如下：

步骤 1：求解表达式 1。

步骤 2：求解表达式 2，若其值为真(非 0 即为真)，则执行 for 中内部语句，然后执行步骤 3；否则结束 for 语句，直接跳出，不再执行步骤 3。

步骤 3：求解表达式 3。

步骤 4：跳到步骤 2 重复执行。

小提示：三个表达式之间必须用分号";"隔开！

下面用 for 语句编写一个简单的延时语句，并进一步介绍 for 语句的用法。

```
unsigned int i;
for ( i=0;  i <2;  i++ );
```

看上面这两句，首先定义一个无符号整型变量 i，然后执行 for 语句，表达式 1 是给 i 赋初值 0，表达式 2 是判断 i 小于 2 是真还是假，表达式 3 是 i 自加 1，执行过程如下：

步骤 1：给 i 赋初值 0，此时 i=0。

步骤 2：因为 0<2 条件成立，所以其值为真，那么执行一次 for 的内部语句，因为 for 内部语句为空，即什么也不执行。

步骤 3：i 自加 1，即 i=0+1=1。

步骤 4：跳到步骤 2，因为 1<2 条件成立，所以其值为真，那么执行一次 for 的内部语句，因为 for 内部语句为空，即什么也不执行。

步骤 5：i 自加 1，即 i = 1+1 = 2。

步骤 6：跳到步骤 2，因为 2<2 条件不成立，所以其值为假，那么结束 for 语句，直接跳出。

通过以上 6 步，这个 for 语句执行结束，单片机执行这个 for 语句是需要时间的，上面的 i <2 条件较简单，所以执行的步数少，如果把 i<2 的这个条件值变大一些，它执行所需的时间就变长，因此可以利用单片机执行这个 for 语句的时间来作为一个简单延时语句。

那么怎样才能写出长时间的延时语句呢？可以利用 for 语句的嵌套。

```
unsigned int i,j;
for (i=100;i> 0;i--)
    for (j=200;j> 0;j--);
```

上面这个例子是 for 语句的嵌套，注意，第一个 for 后面没有分号，那么编译器默认第二个 for 语句就是第一个 for 语句的内部语句，而第二个 for 语句的内部语句为空，程序在执行时，第一个 for 语句中的 i 每自减一次，第二个 for 语句便执行 200 次，因此上面这个例子便相当于共执行了 100×200 次 for 语句。通过这种嵌套便可以写出比较长时间的延时语句，还可以进行 3 层、4 层嵌套来增加时间，或是改变变量类型，将变量初值再增大也可以增加执行时间。

本项目的程序中，利用 2 层 for 语句的嵌套来实现大约 1 s 的延时，即为

```
int i,j;                              //声明变量类型
for (i=0; i <1 000; i++)              //延时 1 s 左右的时间
    for (j=0; j <115; j++);
```

小提示：在 C 语言中，不易计算出这种延时语句的精确时间，如果需要非常精确的延时时间，可利用后面讲到的单片机内部的定时器来实现，它的精度非常高，可以精确到微秒级。

3. 不带参数函数的写法及调用

在 C 语言中，如果有一些语句不止一次用到，而且语句内容都相同，就可以把这样的一些语句写成一个不带参数的子函数，当在主函数中需要用到这些语句时，直接调用这个子函数就可以了。

例如：

```
void delay ()                          //子函数体
{
    unsigned int i,j;
    for (i=0;i <1 000;i++)
        for (j=0;j <115;j++);
}
```

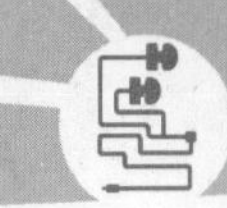

上面这个例子中的“void delay( )”就是一个不带参数的子函数。其中，void 表示这个函数执行结束后不返回任何数据，即它是一个无返回值的函数。delay 是函数名，这个名字可以随便起，但是注意不要和 C 语言中的关键字相同。一般写成方便记忆或读懂的名字，也就是一看到函数名就可知道此函数实现的内容是什么。在这里写成 delay 是因为这个函数是一个延时函数。

紧跟函数名后面的是一对小括号，这对小括号里没有任何数据或符号，因此这个函数是一个无参数的函数。接下来一对大括号中包含着其他要实现的语句，这就是一个无返回值、不带参数的函数的写法。

注意：子函数可以写在主函数的前面或后面，但是不可以写在主函数的内部。

说明：

(1)当子函数写在主函数后面时，必须要在主函数之前声明子函数，声明方法如下：将返回值特性、函数名及后面的小括号完全复制，若是无参函数，则小括号内为空，但在小括号的后面必须加上分号“;”。

(2)当子函数写在主函数前面时，不需要声明，因为写函数体的同时就已经相当于声明了函数本身。

4. 单片机的几个周期介绍

1)时钟周期

也称振荡周期，定义为时钟频率的倒数，它是单片机中最基本、最小的时间单位。在一个时钟周期内，CPU 仅完成一个最基本的动作。对于某块单片机来讲，若采用了 1 MHz 的时钟频率，则时钟周期就是 1 μs；若采用 4 MHz 的时钟频率，则时钟周期就是 0. 25 μs。由于时钟脉冲是 CPU 的基本工作脉冲，它控制着 CPU 的工作节奏。显然，对同一种单片机，时钟频率越高，单片机的工作速度就越快。但是，由于不同的单片机，内部硬件电路和电气结构不完全相同，所以其所需要的时钟频率范围也不一定相同。如 STC89C 系列单片机的时钟频率范围为 1~40 MHz。

2)状态周期

它是时钟周期的 2 倍。

3)机器周期

单片机的基本操作周期。在一个操作周期内，单片机完成一项基本操作，如取指令、存储器读/写等。它由 12 个时钟周期(6 个状态周期)组成。

4)指令周期

它是指 CPU 执行一条指令所需要的时间。一般一个指令周期含有 1~4 个机器周期。

四、程序的编写、编译与下载

1. 程序的编写

步骤 1：在“D：\ 单片机学习+姓名”文件夹下新建一个名为“Project3_1”的文件夹。

步骤2：在“Project3_1”文件夹下，新建一个名为“Project3_1”的工程。

步骤3：在“Project3_1”工程中，新建一个名为“Project3_1. c”的文件。

步骤4：回到建立工程后的编辑界面“Project3_1. c”下，在当前编辑框中输入如下的C语言源程序。

```
#inelude <reg52.h>                    //52系列单片机头文件
void delay ( );                       //声明子函数
sbit led1=P1^0;                       //声明单片机P1口的第一位
void main ( )                         //主函数
{
    while (1)                         //大循环
    {
        ledl=0;                       //点亮第一个发光二极管
        delay ( );                    //调用延时子函数
        ledl=1;                       //熄灭第一个发光二极管
        delay ( );                    //调用延时子函数
    }
}
void delay ( )                        //子函数体
{
    unsigned int i,j;                 //声明变量类型
    for (i=0;i <1 000;i++)            //延时约1 s的时间
    for (j=0;j <115;j++);
}
```

步骤5：输入完程序后，将程序存盘。

小提示：(1)在输入程序时，“P1^0”中的“P”必须大写，其余都在英文半角状态下输入即可。

(2)在编写程序时，大括号{}要成对写，以防漏写，这在一开始就要养成一个好习惯。

(3)整个程序一定要有层次感，即每组大括号之间及大括号与其内容之间要分层次，一般空4个空格位置。可以通过按一下Tab键实现4个空格的移动。如果要实现倒移，可按“Shift+Tab”键操作，按一下即倒移4个空格。

2. 程序的编译与下载

程序的编译与下载操作步骤同前相关内容。

接通单片机电源，则与单片机P1.0脚相连的发光二极管以1 s的时间间隔亮灭闪烁。其实际效果如图2-10所示。

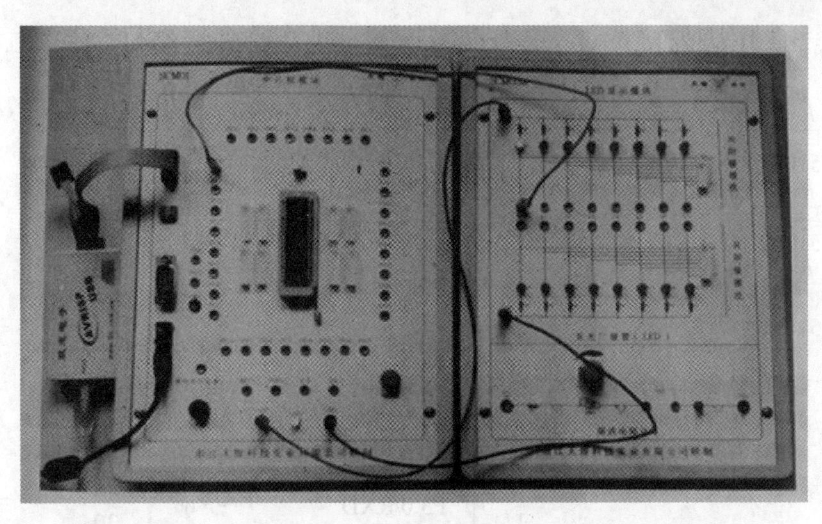

图 2-10　发光二极管以 1 s 的时间间隔亮灭闪烁效果

任务二　红绿灯控制

思维导图

- 红绿灯控制
  - 任务描述
  - 认识并搭接外围电路
    - 认识电路
    - 电路仿真
    - 搭接电路
  - 知识链接
    - #define 宏定义
    - 带参数函数的写法及调用
    - 局部变量与全局变量
  - 程序的编写、编译与下载
    - 程序的编写
    - 程序的编译与下载

一、任务描述

每个十字路口都有指挥交通的红绿灯，那么是否可以利用单片机来设计红绿灯控制呢？回答是肯定的。本项目将利用单片机的 I/O 口来设计一个红绿灯系统。具体是这样的，利用单片机的 P1.0 脚控制绿灯，P1.1 脚控制黄灯，P1.2 脚控制红灯。绿灯、黄灯、红灯的工作情况：绿灯亮 45 s 灭，然后黄灯亮 2 s 灭，再红灯亮 45 s 灭，这样不断循环。

二、认识并搭接外围电路

1. 认识电路

图 2-11 所示为除单片机最小系统工作电路外所需搭接的外围电路，其中，P1.0 脚外接绿

灯(发光二极管)，P1.1 脚外接黄灯(发光二极管)，P1.2 脚外接红灯(发光二极管)。

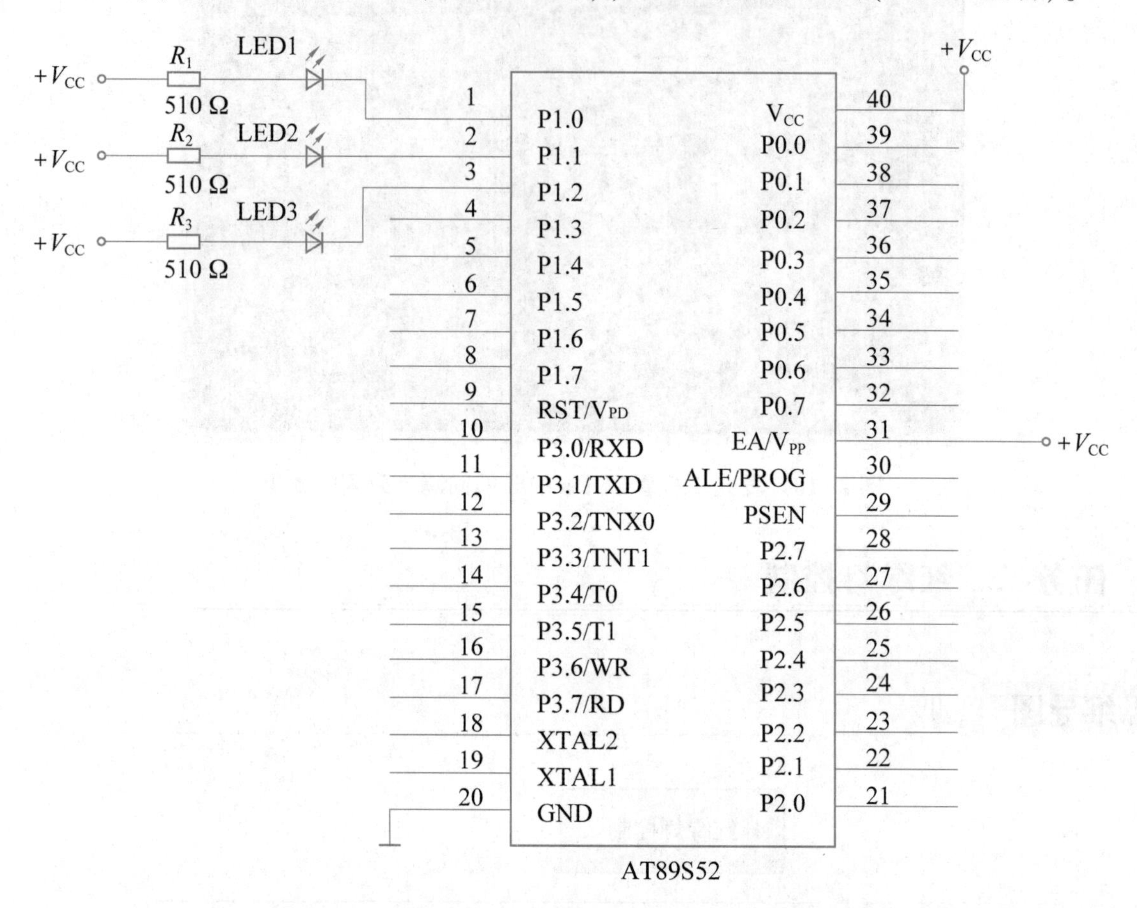

图 2-11 除单片机最小系统工作电路外所需搭接的外围电路

2. 电路仿真

启动 Proteus 仿真软件，绘制仿真电路原理图，并对电路进行仿真运行。

步骤 1：打开单片机最小系统电路仿真图。

步骤 2：在元件模式下添加所需元件。移动鼠标到元件模式下单击，选中元件模式；单击元件选取按钮 P，出现选取元件对话框；在关键字处输入 LED，在类别中单击 Optoelectronics，找到 LED-RED(红色 LED)双击，将其添加到元件列表区。同理，将 LED-YELLOW(黄色)、LED-GREEN(绿色)发光二极管元件也添加到元件列表区，如图 2-12 所示。

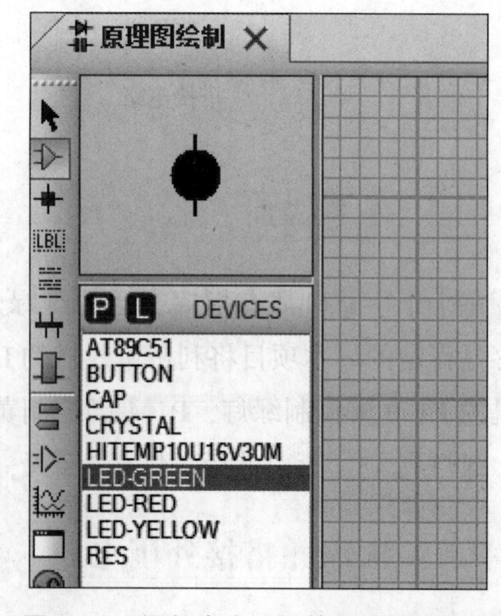

图 2-12 添加发光二极管到元件列表区

步骤 3：放置电阻并修改参数。在元件列表区中单击 RES，选中电阻元件，把第一个电阻元件放置到单片机 P1.0 脚的左边双击，弹出“编辑元件”对话框，在 Resistance 中更改它的阻值为 500，单击“确认”按钮，完成参数的修改。同理，完成其他两

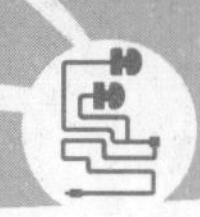

个电阻的放置与参数的修改。

步骤4：放置发光二极管。在元件列表区中单击 LED-RED，选中发光二极管，单击逆时针旋转按钮，旋转90°，发光二极管的负极向右、正极向左，把其放置到相应电阻的左侧。同理，完成其他两个发光二极管的放置。

步骤5：放置电源及连接。选择终端模式，单击电源 POWER，把电源放置到电阻的左侧位置，并把电源、发光二极管、电阻与单片机对应脚进行连线。连线完成后的单片机红绿灯控制电路如图 2-13 所示。

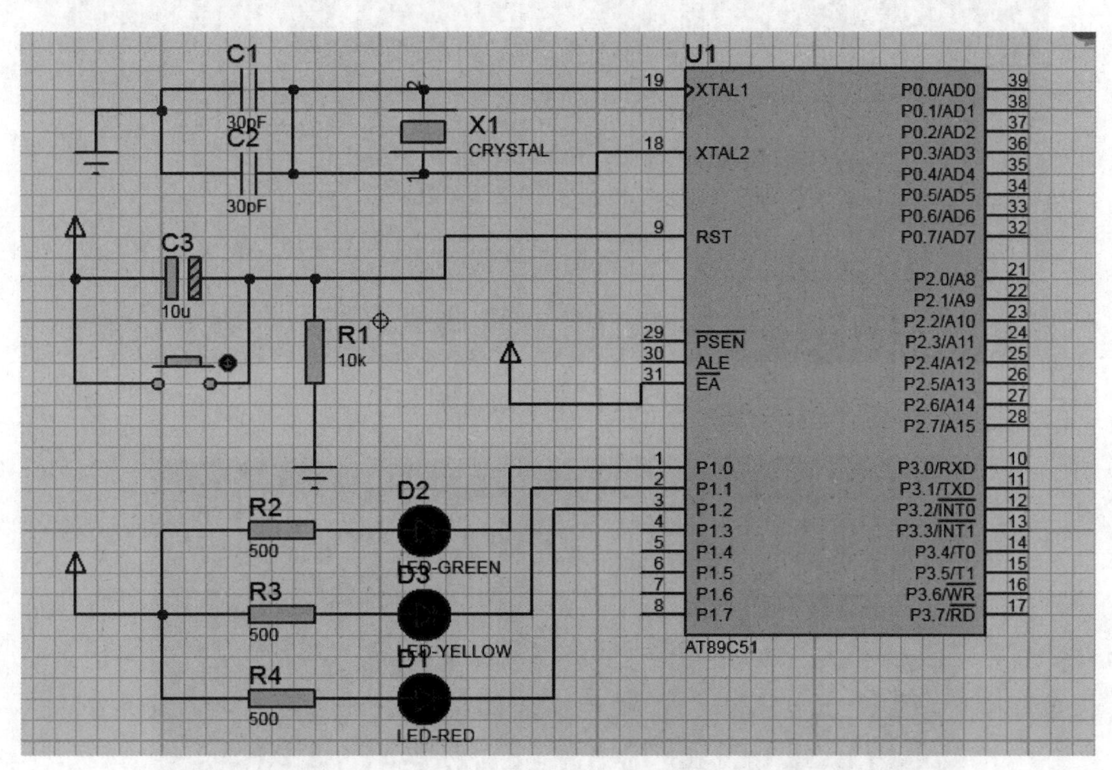

图 2-13　连线完成后的单片机红绿灯控制电路

步骤6：添加红绿灯控制 .hex 文件。双击单片机元件，弹出“编辑元件”对话框，在 Program File 选项的右侧单击文件夹图标，找到已经编译好的红绿灯控制 .hex 文件，单击“确定”按钮。

步骤7：仿真运行。单击左下角的仿真运行按钮，查看仿真效果。

3. 搭接电路

根据原理图及已有的硬件设备搭接好电路。首先连接并检查单片机最小系统正常工作所需的电路，然后按要求分别在 P1. 0、P1. 1、P1. 2 三个引脚上接好发光二极管、限流电阻及电源。本项目采用的是由模块组合的开发板，需要用到单片机模块和 LED 显示模块，除电源与地线外，模块板连接如图 2-14 所示。

连接好的实物如图 2-15 所示。

连接好电路后，切断电源，等待程序的下载，即做好程序下载前的所有硬件准备工作。

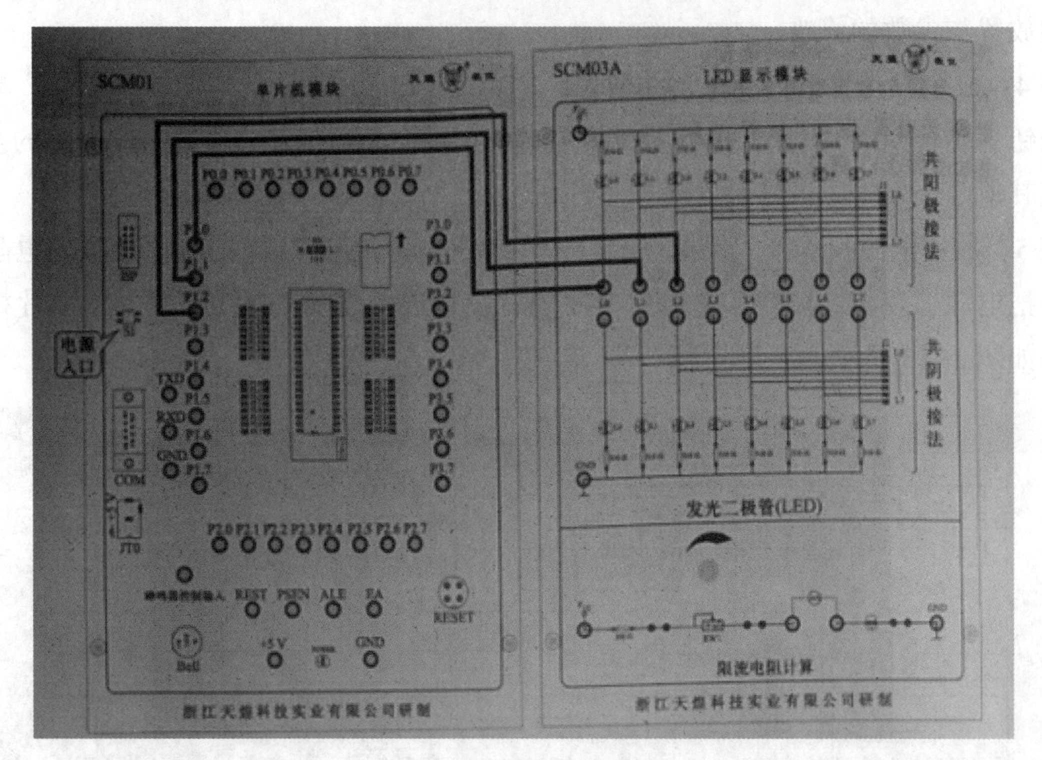

图 2-14 模块板连接

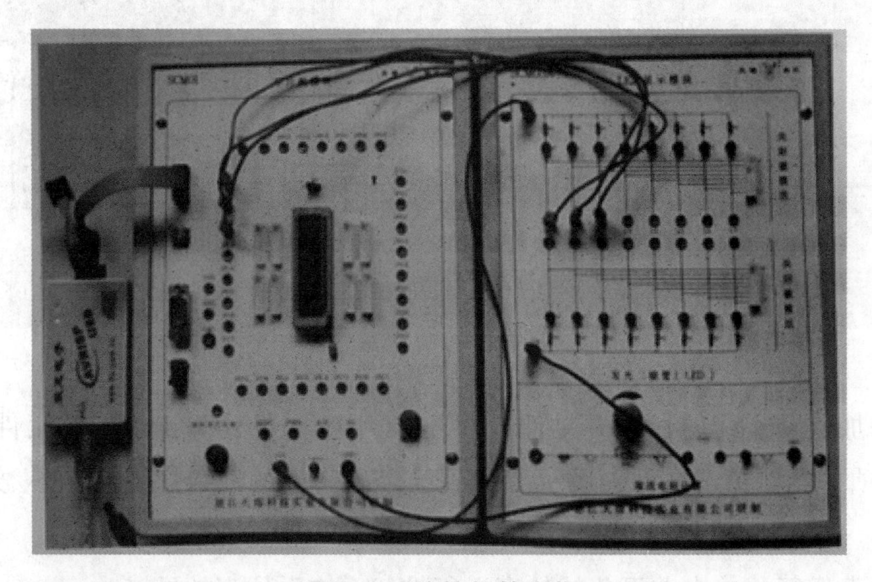

图 2-15 连接好的实物

三、知识链接

1. #define 宏定义

格式：#define 新名称 原内容

相当于给“原内容”重新起了一个比较简单的“新名称”。

本程序中，将“unsigned char”用“uchar”代替，将“unsigned int”用“uint”代替。

注意：在一个程序代码中，只要宏定义过一次，那么在整个代码中都可以直接使用它的“新名称”。

2. 带参数函数的写法及调用

本任务所写的程序中包含如下子函数体。

```
void delay (uchar utime)                                    //子函数体
{
    uint i,  j,  k;
    for (k=utime; k> 0; k--)
        for (i=1 000; i> 0; i--)
            for (j=115; j> 0; j--);
}
```

上面子函数中，delay 后面的括号中多了“uchar utime”，这就是这个函数所带的一个参数，utime 是一个 unsigned char 型变量，称为这个函数的形参，在调用此函数时，用一个具体真实的数据代替此形参，这个真实数据称为实参，形参被实参代替之后，在子函数内部，所有和形参名相同的变量都将被实参代替。如果子函数写在主函数的后面，必须在主函数之前声明子函数。带参数函数声明时，则需要在小括号里写上参数类型，如果有多个参数，多个参数类型都要写上，参数类型之间用逗号隔开。参数类型后面可以不跟变量名，也可以写上变量名。最后在小括号的后面必须写上分号“;”。

例如：写一个完整的程序，让一个小灯闪烁，这次让它以亮 2 s、灭 5 s 方式闪烁。可利用带参数函数的写法编程，程序如下：

```
#include <reg52.h>
#define uchar unsigned char
#define uint unsigned int
sbit led1=P1^0;
void delay (uchar utime);
void main ( )
{
    while (1)
    {
        Led1=0;
        delay (2);
        led1=1;
        delay (5);
    }
}
void delay (uchar utime)
{
    uint i,  j,  k;
    for (k=utime; k> 0; k--)
        for (i=1 000; i> 0; i--)
            for (j=115; j> 0; j--);
}
```

小提示："unsigned char"是无符号字符型数据，其数据的范围是0~255，占8位；而"unsigned int"是无符号整型数据，其数据的范围是0~65 535，占16位。具体可参见前面"C51中的基本数据类型"相关内容。因此在定义变量的数据类型时，应根据需要而定，并要尽可能合适。

3. 局部变量与全局变量

在本项目的程序中，"uint i，j，k;"语句——i，j，k三个变量的定义放到了子函数里，而没有写在主函数的最外面。在主函数外面定义的变量称为全局变量；在某个子函数内部定义的变量称为局部变量。本项目程序中的i，j，k三个变量就是局部变量。

注意：局部变量只有在当前函数中有效，程序一旦执行完当前子函数，在它内部定义的所有变量都将自动销毁，当下次再调用该函数时，编译器重新为其分配内存空间。要知道，在一个程序中，每个全局变量都占据着单片机内固定的RAM，局部变量是调用时随时分配，不用时立即销毁。一个单片机的RAM是有限的。如AT89S52只有256 B的RAM；STC单片机内存比较大，有512 B的，也有128 B的。很多时候，当写一个比较大的程序时，经常会遇到内存不足的情况，因此，从一开始写程序时，就要坚持尽量节省RAM空间，能用局部变量就不用全局变量的原则。

四、程序的编写、编译与下载

1. 程序的编写

步骤1：在"D：\ 单片机学习+姓名"文件夹下新建一个名为"Project5_1"的文件夹。

步骤2：在"Project5_1"文件夹下，新建一个名为"Project5_1"的工程。

步骤3：在"Project5_1"工程中，新建一个名为"Project5_1. c"的文件。

注意：步骤1~步骤3的具体操作可参照前面任务中的相关内容。

步骤4：回到建立工程后的编辑界面"Project5_1. c"下，在当前编辑框中输入如下的C语言源程序。

```
#include <reg52.h>                         //52系列单片机头文件
#define uchar unsigned char                //宏定义
#define uint unsigned int                  //宏定义
void delay (uchar utime);                  //声明子函数
sbit green=P1^0;
sbit yellow=P1* 1;
sbit red=P1^2;
void main ( )                              //主函数
{
   while (1)                               //大循环
   {
      green=0;                             //绿灯亮
```

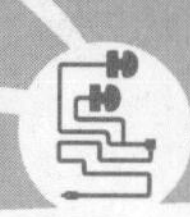


```
        delay (45);                             //延时约 45 s
        green=1;
        yellow=0;                               //黄灯亮
        delay (2);                              //延时约 2 s
        yellow=1;
        red=0;                                  //红灯亮
        delay (45);                             //延时约 45 s
        red=1;
    }
}
void delay (uchar utime)                        //子函数体
{
    uint i,j,k;
    for (k=utime;k> 0;k--)
        for (i=1 000;i> 0;i--)
            for (j=115;j> 0;j--);
}
```

步骤 5：输入完程序后，将程序存盘。

注意：在输入程序时，“P1^0、P1^1、P1^2”中的“P”必须大写，其余都在英文半角状态下输入即可。

2. 程序的编译与下载

程序的编译与下载操作步骤具体可参照前面任务中的相关内容。

接通单片机电源，则与单片机 P1. 0 脚相连的绿灯(发光二极管)亮 45 s，然后与 P1. 1 脚相连的黄灯(发光二极管)亮 2 s，接着与 P1. 2 脚相连的红灯(发光二极管)亮 45 s，如此循环，就实现了利用单片机控制红绿灯的设计。其实际效果如图 2-16 所示。

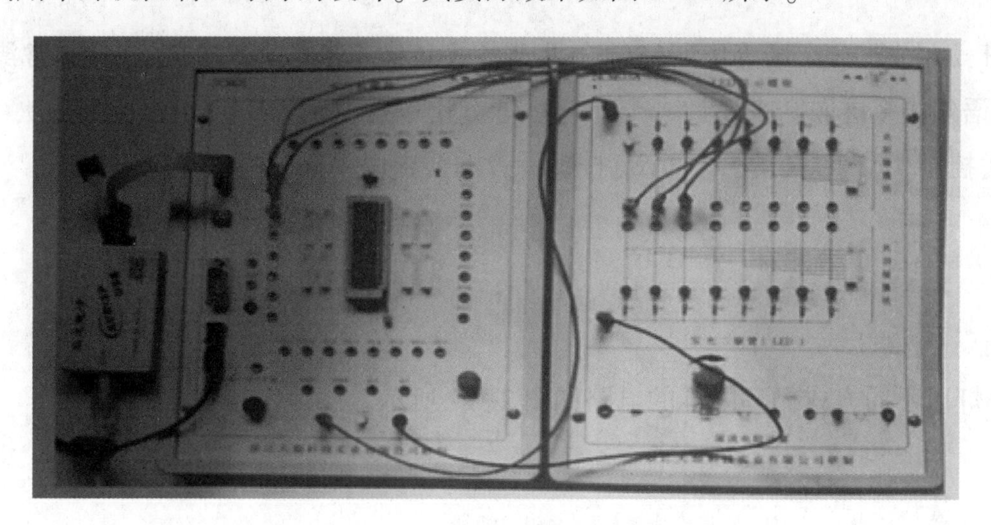

图 2-16　单片机控制红绿灯的实际效果

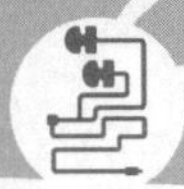

任务三　花样小灯控制

思维导图

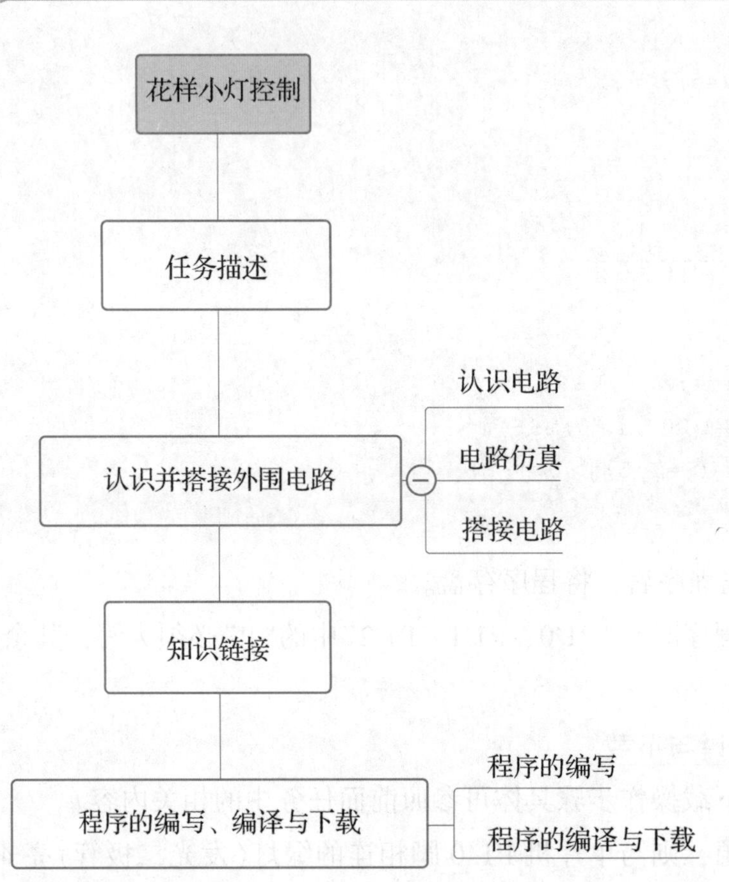

一、任务描述

节假日，在公园、广场等场所经常会见到各式各样不断闪烁着的小灯，非常漂亮。本任务利用 for 语句的多层嵌套来设计一个花样小灯。让单片机的 P1.0、P1.1、P1.2、P1.3 四个引脚分别去控制 4 个小灯，让 4 个小灯按设计者的要求以不同的方式循环闪烁。

二 、认识并搭接外围电路

1. 认识电路

4 个小灯以不同方式循环闪烁的电路如图 2-17 所示。

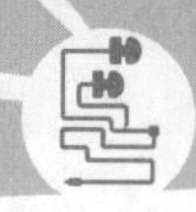

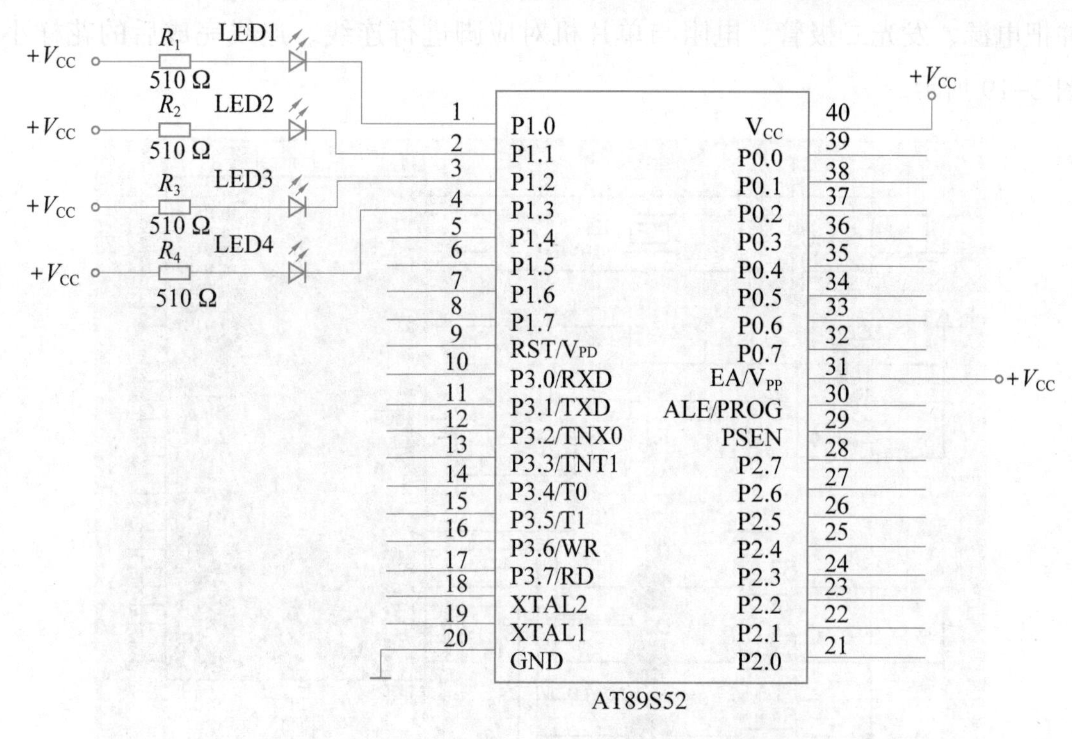

图 2-17　4 个小灯以不同方式循环闪烁的电路

2. 电路仿真

启动 Proteus 仿真软件，绘制仿真电路原理图，并对电路进行仿真运行。

步骤 1：打开单片机最小系统电路仿真图。

步骤 2：在元件模式下添加所需元件。移动鼠标到元件模式下单击，选中元件模式；单击“元件选取”按钮 P，弹出“选取元件”对话框；在关键字处输入 LED，在类别中单击 Optoelectronics，找到 LED-RED(红色 LED)双击，将其添加到元件列表区。同理，将 LED-YELLOW(黄色)、LED-GREEN(绿色)、LED-BLUE(蓝色)发光二极管元件也添加到元件列表区，如图 2-18 所示。

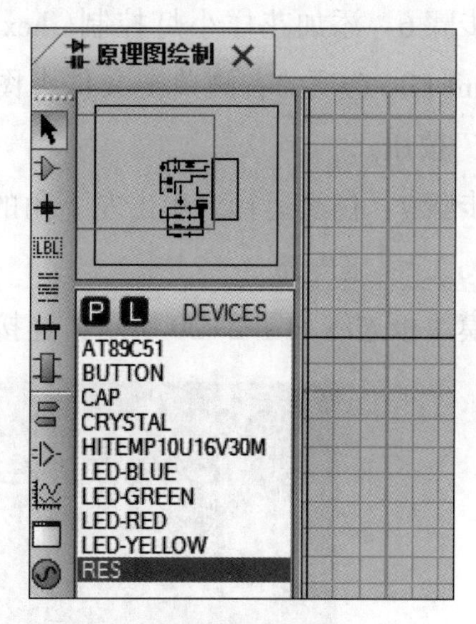

图 2-18　发光二极管元件添加到元件列表区

步骤 3：放置电阻并修改参数。在元件列表区中单击 RES，选中电阻元件，把第一个电阻元件放置到单片机 P1.0 脚的左边双击，弹出“编辑元件”对话框，在 Resistance 中更改它的阻值为 500，单击“确认”按钮，完成参数的修改。同理，完成其他三个电阻的放置与参数的修改。

步骤 4：放置发光二极管。在元件列表区中单击 LED-RED，选中发光二极管，单击“逆时针旋转”按钮，旋转 90°，发光二极管的负极向左、正极向右，把其放置到相应电阻的左侧。同理，完成其他三个发光二极管的放置。

步骤 5：放置电源及连接。选择终端模式，单击电源 POWER，把电源放置到电阻的左侧位置，并把电源、发光二极管、电阻与单片机对应脚进行连线。连线完成后的花样小灯控制电路如图 2-19 所示。

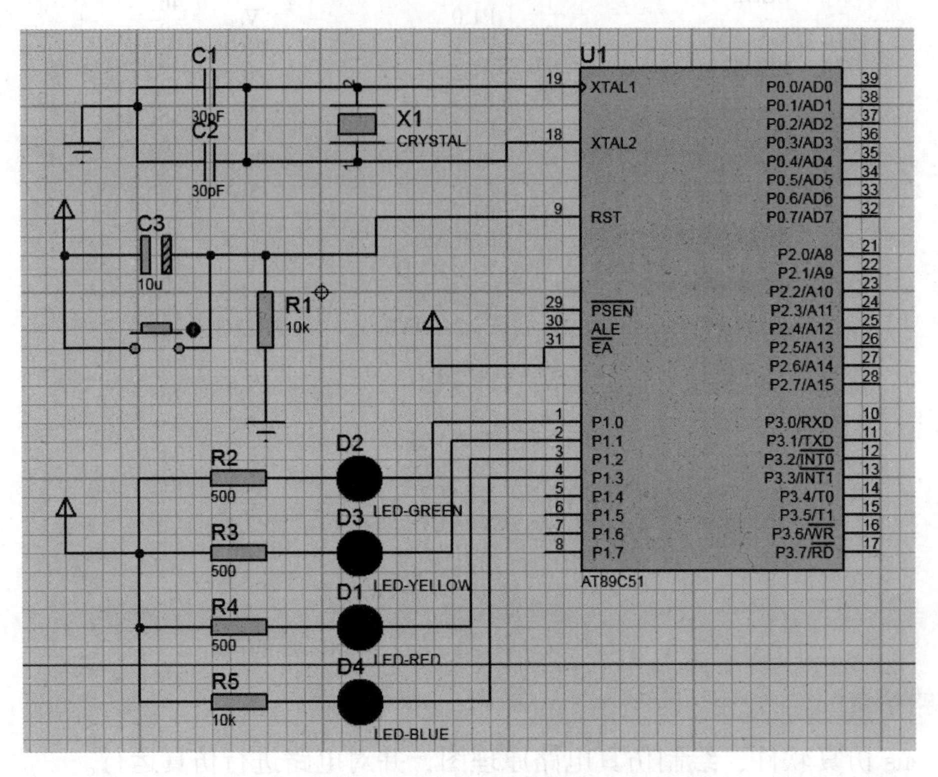

图 2-19 连线完成后的花样小灯控制电路

步骤 6：添加花样小灯控制 . hex 文件。双击单片机元件，弹出“编辑元件”对话框，在 Program File 选项的右侧单击文件夹图标，找到已经编译好的花样小灯控制 . hex 文件，单击“确定”按钮。

步骤 7：仿真运行。单击左下角的“仿真运行”按钮，查看仿真效果。

3. 搭接电路

模块板连线如图 2-20 所示，连接好的实物如图 2-21 所示。

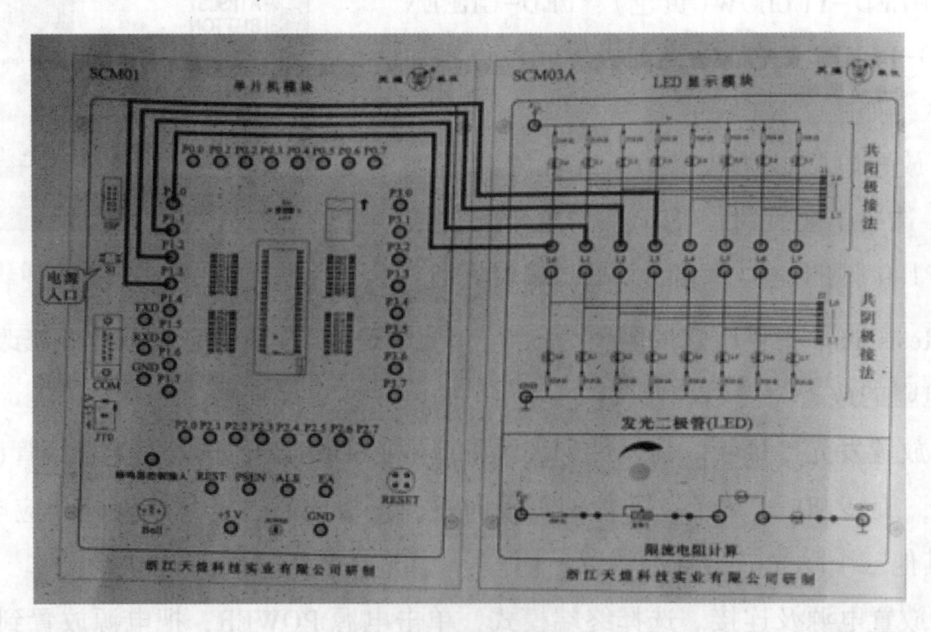

图 2-20 模块板连线

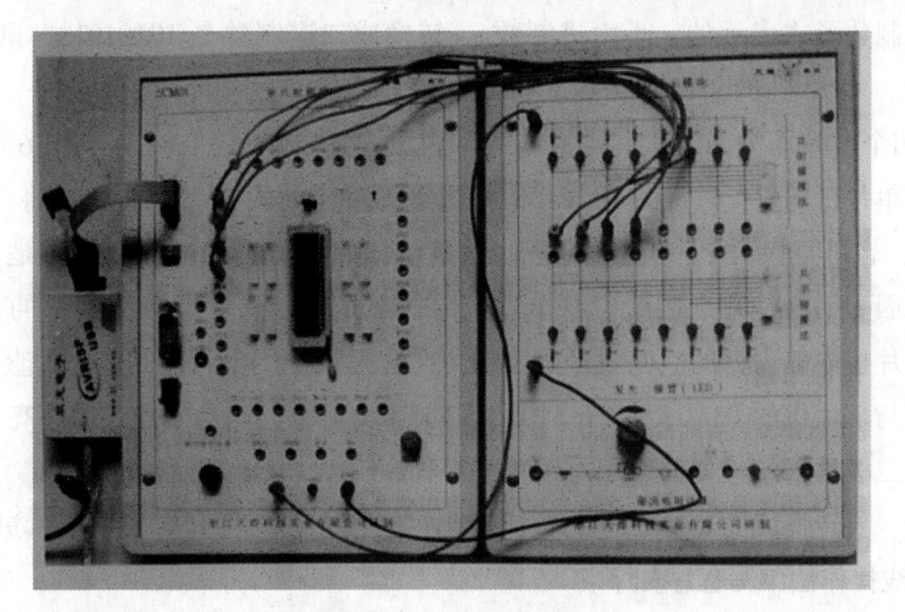

图 2-21　连接好的实物

三、知识链接

到目前为止，读者已经能用 C 语言编写点亮与单片机 I/O 口任一引脚相连接的发光二极管的程序。点亮与 P1.1 脚相连接的发光二极管的程序如下：

```
#inelude <reg52.h>                    //52 系列单片机头文件
sbitled2=P1^1;                        //声明单片机 P1 口的第二位
void main ( )                         //主函数
{
    Led2=0;                           //点亮第二个发光二极管
    while (1);
}
```

以上"sbit led2 = P1^1;"控制 I/O 口的方法是一条语句控制一个 I / O 口，也就是通常所说的位操作法。如果要同时点亮分别与单片机的 P1. 0、P1. 2、P1. 4、P1. 6 四个引脚相连接的四个发光二极管，若是采用位操作法的话，就要声明 4 个 I / O 口，然后在主程序中再写 4 句分别点亮四个发光二极管的程序。显然，这种写法比较麻烦。可以采用总线操作法，用总线操作法编程如下：

```
#include <reg52.h>
void main ( )
{
    P1=0xaa;
    while (1);
}
```

这里的"P1=0xaa;"就是对单片机 P1 口的 8 个 I/O 口同时进行操作，"0x"表示后面的数据是以十六进制数形式表示的，十六进制数 aa 转换成二进制数是 10101010，则执行完"P1 = 0xaa;"语句后，单片机的 P1.0、P1.2、P1.4、P1.6 四个引脚均为低电平，P1.1、P1.3、P1.5、P1.7 四个引脚均为高电平。因此与单片机的 P1.0、P1.2、P1.4、P1.6 脚对应的发光二极管亮，与单片机的 P1.1、P1.3、P1.5、P1.7 脚对应的发光二极管灭。将 0xaa 转换成十进制数为 170，也可直接对 P1 口进行十进制数赋值，如"P1 = 170;"，其效果是一样的，只是麻烦了许多。因为无论是几进制数，在单片机内部都是以二进制数形式保存的，只要是同一个数值，在单片机内部占据的空间就是固定的，在这里还是用十六进制数比较直观。

如果要使与单片机的 P1.0、P1.1、P1.2、P1.3 脚对应的四个发光二极管亮，其余四个引脚对应的发光二极管灭。又如何采用总线法来写程序呢？

根据分析，要转换成的 8 位二进制数应该是：11110000，将其转换成十六进制数应该是：f0，则采用总线操作法编写程序如下：

```
#inelude <reg52.h>
void main ( )
{
    P1=0xf0;
    while (1);
}
```

四、程序的编写、编译与下载

1. 程序的编写

步骤 1：在"D:\ 单片机学习+姓名"文件夹下，新建一个名为"Project6_1"的文件夹。

步骤 2：在"Project6_1"文件夹下，新建一个名为"Project6_1"的工程。

步骤 3：在"Project6_1"工程中，新建一个名为"Project6_1. c"的文件。

步骤 4：回到建立工程后的编辑界面"Project6_1. c"下，在当前编辑框中输入如下的 C 语言源程序。

```
#inelude <reg52.h>                        //52 系列单片机头文件
#define uchar unsigned char               //宏定义
#define uint unsigned int                 //宏定义
void delay (uchar utime);                 //声明子函数
sbit led1=P1^0;
sbit led2=P1^1;
sbit led3=P1^2;
sbit led4=P1^3;
void main ( )                             //主函数
{
    while (1)                             //大循环
```

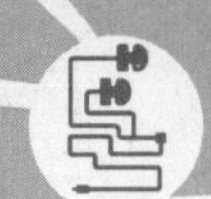


```
        {uchar l, m , n;
        for ( l=0; l < 5; l++)
        {
            led1=0;
            for ( m = 0; m <5; m++ )
            {
                led2=0;
                delay (1);
                led2=1;
                delay (1);
            }
            led1=1;
            delay (1);
        }
        for (l=0;l <=5; l++)
        {
            led3=0;
            for (m=5; m > 1; m--)
            {
                led1=0;
                for (n = m; n > 0;n--)
                {
                    led4=0;
                    delay (2);
                    led4=1;
                    delay (2);
                }
                led1=1;
                delay (3);
            }
            led3 = 1;
            delay (3);
        }
    }
}
void delay ( uchar utime )
{
    uint i, j, k;
    for (i=utime; i> 0; i--)
        for (j=1 000; j> 0;j--)
            for (k=115; k> 0;k--);
}
```

步骤 5：输入完程序后，将程序存盘。

注意：在输入程序时，“P1^0、P1^1、P1^2、P1^3”中的“P”必须大写，其余都在英文半角状态下输入即可。

2. 程序的编译与下载

程序的编译与下载操作步骤具体可参照前面任务中的相关内容。

接通单片机电源，则与单片机 P1. 0、P1. 1、P1. 2、P1. 3 四个引脚分别连接的发光二极管按要求循环闪烁。其实际效果如图 2-22 所示。

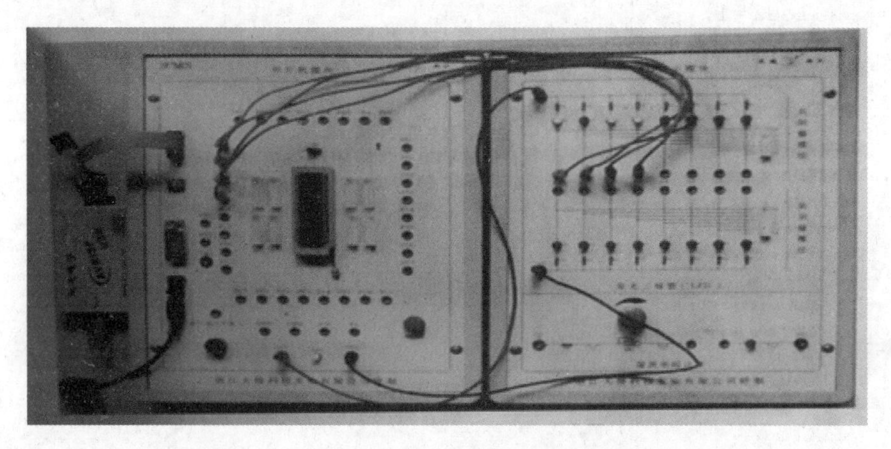

图 2-22　发光二极管按要求循环闪烁的实际效果

任务四　按键控制小灯

思维导图

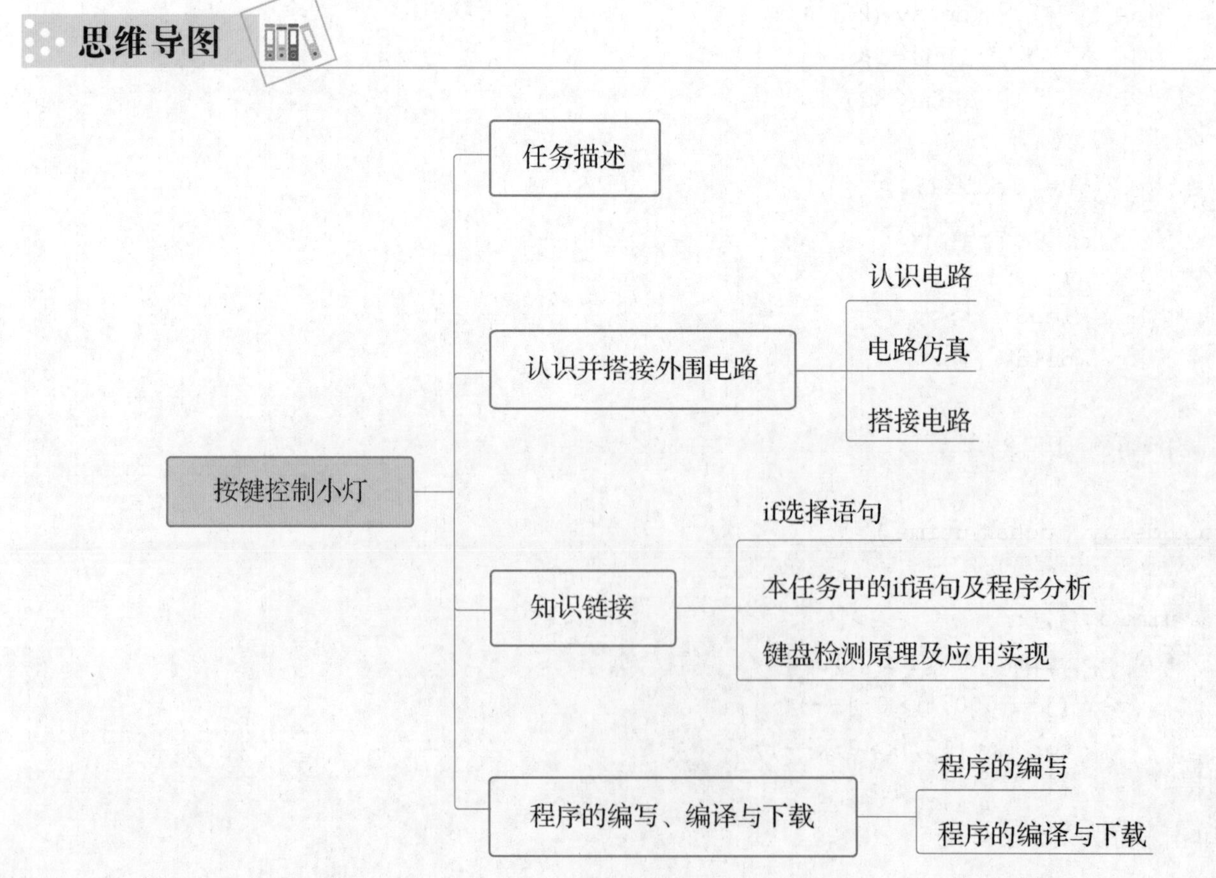

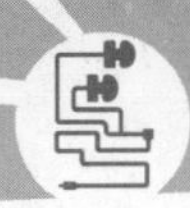

一、任务描述

当按下按键时，小灯亮；松开按键时，小灯灭。

二、认识并搭接外围电路

1. 认识电路

按键控制小灯的电路如图 2-23 所示。

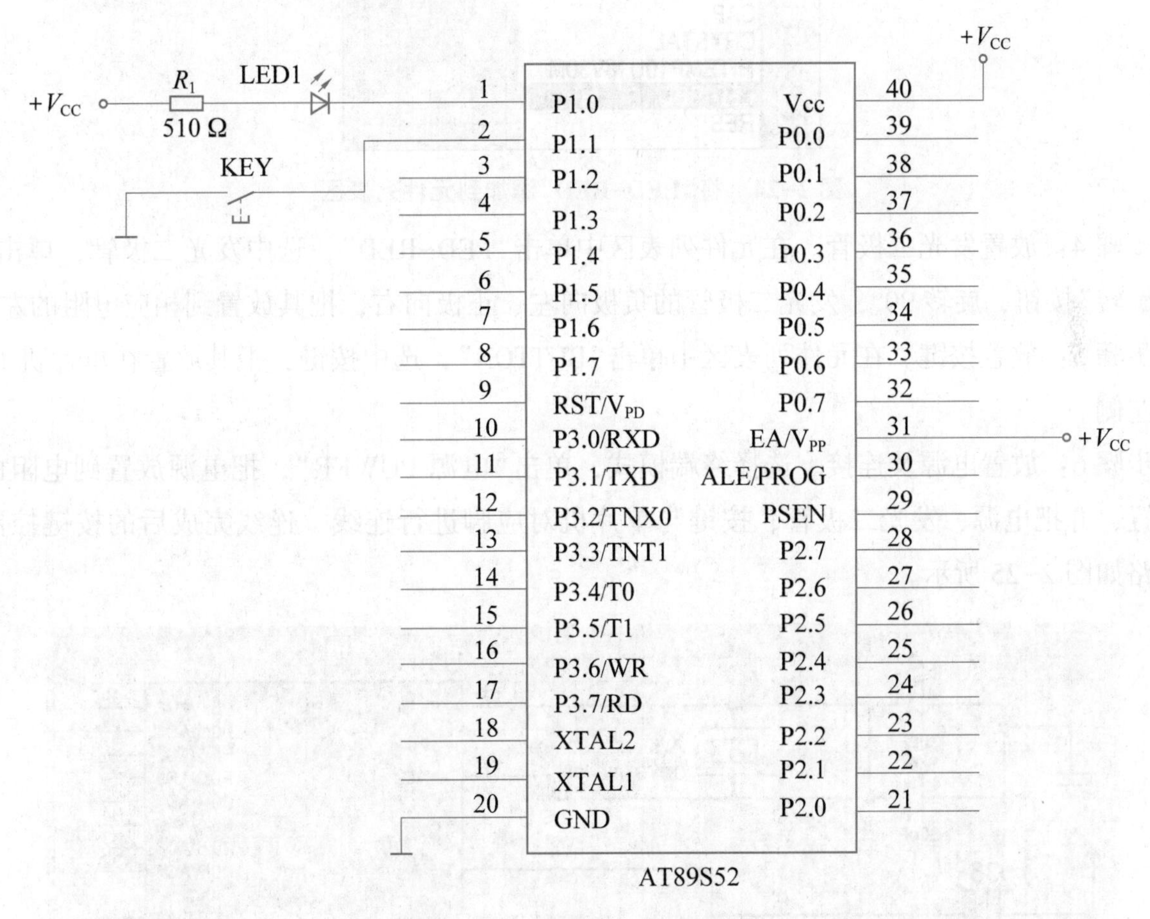

图 2-23　按键控制小灯的电路

2. 电路仿真

启动 Proteus 仿真软件，绘制仿真电路原理图，并对电路进行仿真运行。

步骤 1：打开单片机最小系统电路仿真图。

步骤 2：在元件模式下添加所需元件。移动鼠标到元件模式下单击，选中元件模式；单击“元件选取”按钮 P，出现“选取元件”对话框；在关键字处输入 LED，在类别中单击 Optoelectronics，找到 LED-RED(红色 LED)双击，将其添加到元件列表区，如图 2-24 所示。

步骤 3：放置电阻并修改参数。在元件列表区中单击“RES”，选中电阻元件，把电阻元件放置到单片机 P1. 0 脚的左边双击，弹出“编辑元件”对话框，在 Resistance 中更改它的阻值为 500，单击“确认”按钮，完成参数的修改。

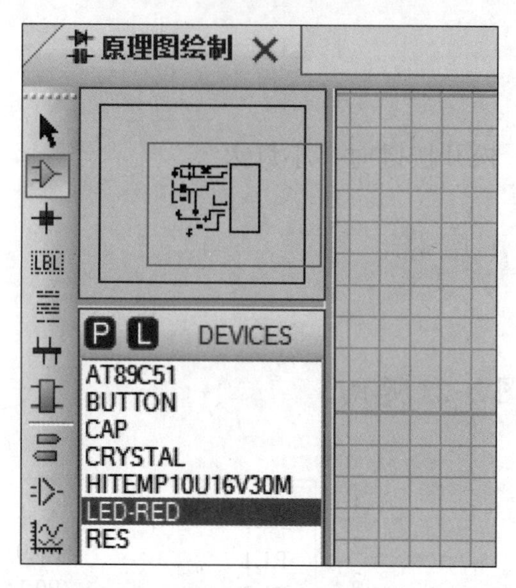

图 2-24 将“LED-RED”添加到元件列表区

步骤 4：放置发光二极管。在元件列表区中单击“LED-RED”，选中发光二极管，单击“逆时针旋转”按钮，旋转 90°，发光二极管的负极向左、正极向右，把其放置到相应电阻的左侧。

步骤 5：放置按键。在元件列表区中单击“BUTTON”，选中按键，把其放置在单片机 P1. 1 脚的左侧。

步骤 6：放置电源及连接。选择终端模式，单击“电源 POWER”，把电源放置到电阻的左侧位置，并把电源、发光二极管、按键与单片机对应脚进行连线。连线完成后的按键控制小灯电路如图 2-25 所示。

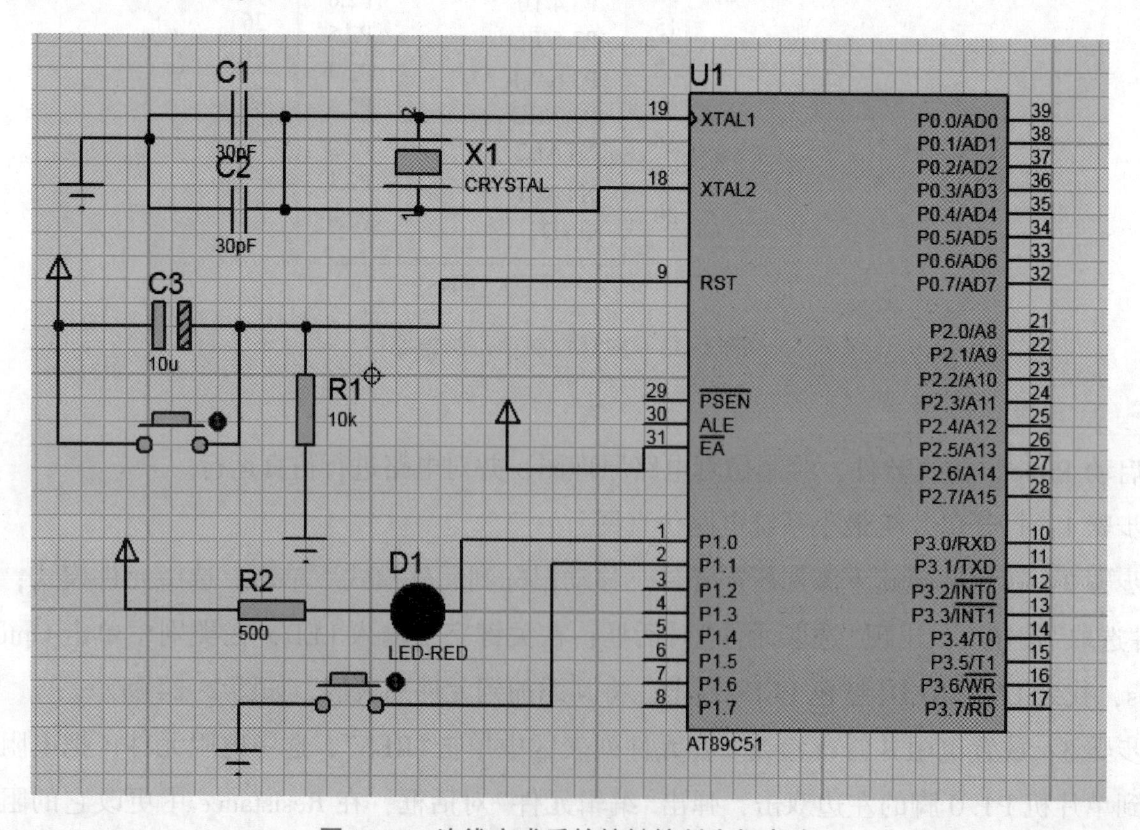

图 2-25 连线完成后的按键控制小灯电路

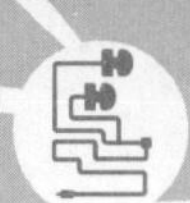

步骤 7：添加按键控制小灯 . hex 文件。双击单片机元件，弹出“编辑元件”对话框，在 Program File 选项的右侧单击文件夹图标，找到已经编译好的按键控制小灯 . hex 文件，单击“确定”按钮。

步骤 8：仿真运行。单击左下角的仿真运行按钮，查看仿真效果。

3. 搭接电路

模块板连线如图 2-26 所示。

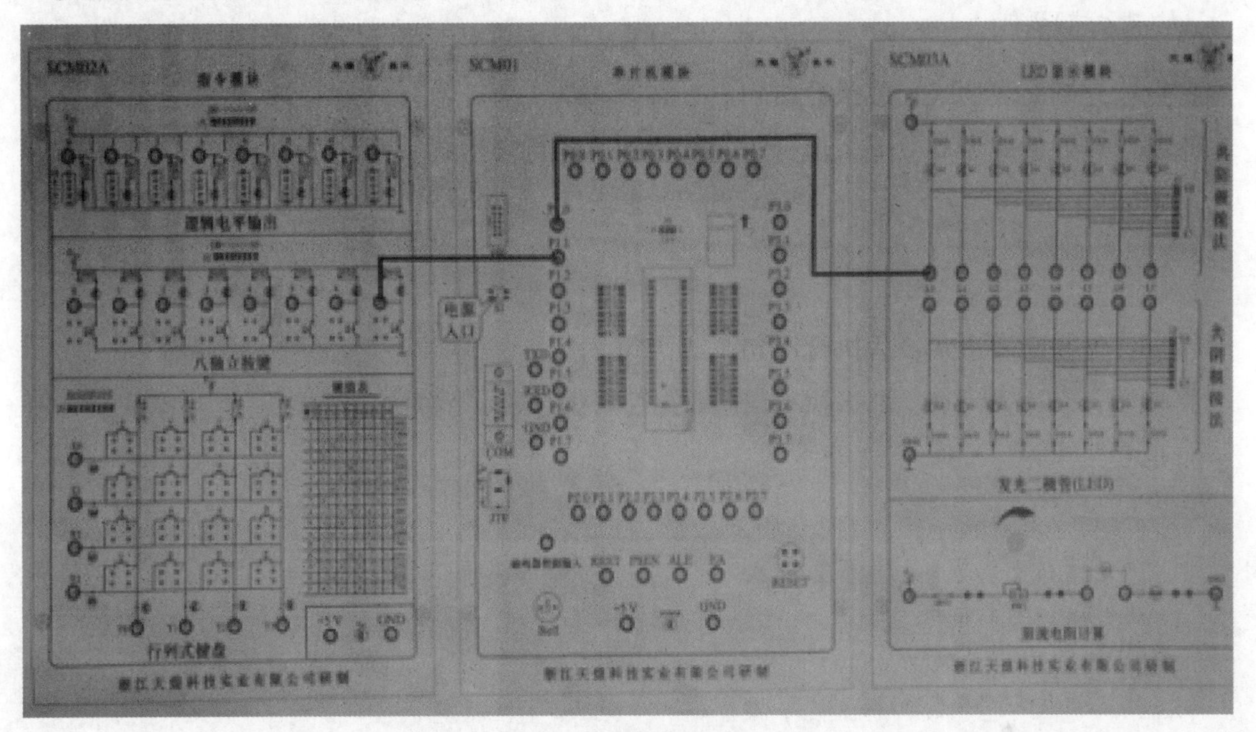

图 2-26　模块板连线

连接好的实物如图 2-27 所示。

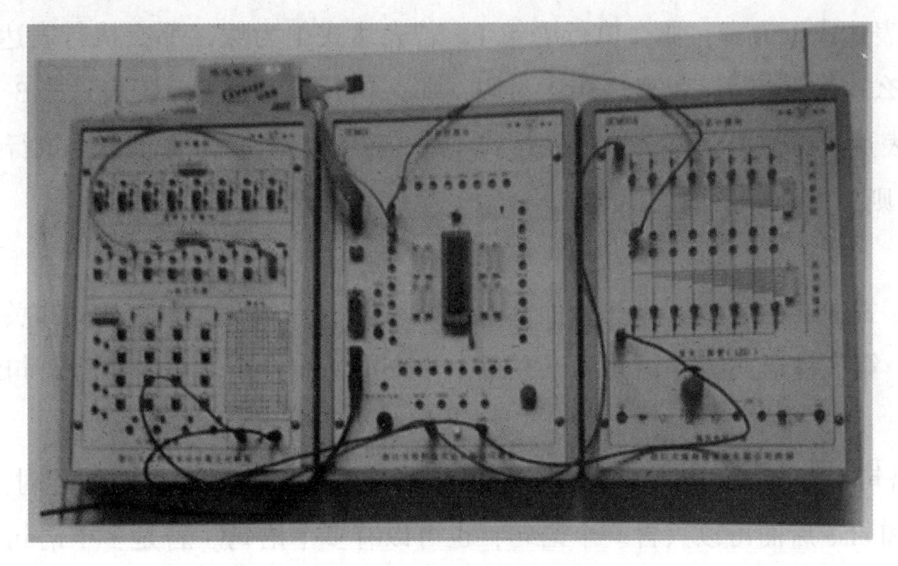

图 2-27　连接好的实物

连接好电路后，切断电源，等待程序的下载，即做好程序下载前的所有硬件准备工作。

三、知识链接

1. if 选择语句

C 语言提供了三种形式的 if 语句。

1)形式一

```
if (表达式)语句;
```

特点：先判断表达式，后执行语句。

原则：若表达式为真，那么执行语句，否则不执行表达式后面的语句。

2)形式二

```
if (表达式)语句 1;else 语句 2;
```

特点：先判断表达式，后执行语句 1 或语句 2。

原则：若表达式为真，那么执行语句 1，否则执行 else 后面的语句 2。

3)形式三

```
if(表达式 1)语句 1;
else if(表达式 2)语句 2;
else if(表达式 3)语句 3;
…
else if(表达式 m)语句 m;
else 语句 n;
```

特点：先判断表达式，后执行语句。

原则：若表达式 1 为真，那么执行语句 1，若表达式 1 为假，那么执行表达式 2；若表达式 2 为真，那么执行语句 2，若表达式 2 为假，那么执行表达式 3；若表达式 3 为真，那么执行语句 3，若表达式 3 为假，那么执行表达式 4……若表达式 m 为真，那么执行语句 m，若表达式 m 为假，则执行 else 后面的语句 n。

说明：

(1)三种形式的 if 语句中，在 if 后面都有"表达式"，一般为逻辑表达式或关系表达式。

(2)第二、第三种形式的 if 语句中，在每个 else 前面有一个分号，整个语句结束处有一个分号。

(3)else 语句不能作为语句单独使用，它必须是 if 语句的一部分，与 if 配对使用。

(4)在 if 和 else 后面可以只含一个语句，也可以有多个语句。若是多个语句，必须用大括号括起来。

2. 本任务中的 if 语句及程序分析

本项目的主程序如下：

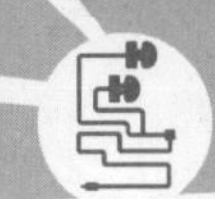


```
void main ( )
{
    while (1)                             //大循环
    {
        key=1;
        if (key = = 0)                    //单片机不断地检测 P1.1 脚是否为低电平 led=0;
        else
        led=1;
    }
}
```

主程序中用到了 if 语句的第二种形式。整个主程序的执行过程分析如下：首先给作为输入口的 P1.1 脚赋一高电平，然后单片机不断地检测按键是否被按下(即检测 P1.1 脚是否为低电平)，若按键未被按下，即表达式“key==0”为假，执行 else 后面的语句“led=1;”，与 P1.0 脚相连的发光二极管不亮，而当按键被按下时，即表达式“key==0”为真，就执行语句“led=0;”，则与 P1.0 脚相连的发光二极管即被点亮。一旦松开按键，P1.1 脚又变为高电平，发光二极管又会灭。这样就实现了利用按键控制小灯的功能。

3. 键盘检测原理及应用实现

键盘分为编码键盘和非编码键盘。键盘上闭合键的识别由专用的硬件编码器实现，产生键编码号或键值的称为编码键盘，如计算机键盘。而靠软件编程来识别的键盘称为非编码键盘，在单片机组成的各种系统中，用得较多的是非编码键盘。非编码键盘又分为独立键盘和矩阵(又称行列式)键盘。

键盘实际上就是一组按键，在单片机外围电路中，通常用到的按键都是机械弹性开关，当开关闭合时，线路导通；开关断开时，线路断开。按键通常有两种，一种是轻触式按键，另一种是自锁式按键。轻触式按键被按下时闭合，松手后自动断开；自锁式按键被按下时闭合且会自动锁住，只有再次被按下时才弹起断开。单片机的外围输入控制用轻触式按键较好，单片机检测按键的原理是：单片机的 I/O 口既可作为输出也可作为输入使用，检测按键时用的是它的输入功能，把按键的一端接地，另一端与单片机的某个 I/O 口相连，开始时先给该 I/O 口赋一高电平，然后让单片机不断地检测该 I/O 口是否变为低电平，当按键闭合时，即相当于该 I/O 口通过按键与地相连，变成低电平，程序一旦检测到 I/O 口变为低电平，则说明按键被按下，执行相应的指令。

四、程序的编写、编译与下载

1. 程序的编写

步骤 1：在“D:\ 单片机学习+姓名”文件夹下，新建一个名为“Project7_1”的文件夹。

步骤 2：在“Project7_1”文件夹下，新建一个名为“Project7_1”的工程。

步骤 3：在“Project7_1”工程中，新建一个名为“Project7_1. c”的文件。

步骤 4：回到建立工程后的编辑界面“Project7_1. c”下，在当前编辑框中输入如下的 C 语言源程序。

```
#include <reg52.h>
sbit led=P1^0;
sbit key=P1^1;                          //P1.1 脚作为按键输入口
void main ( )
{
    while (1)                           //大循环
    {
        key=1;
        if (key==0)                     //单片机不断地检测 P1.1 脚是否为低电平
        led=0;
        else
        led=1;
    }
}
```

步骤 5：输入完程序后，将程序存盘。

小提示：程序中的“if (key= =0)”括号中的是一个逻辑(关系)运算符，其中“= =”是测试相等。

2. 程序的编译与下载

程序的编译与下载操作步骤具体可参照前面任务中的相关内容。

接通单片机电源。按下与 P1. 1 相连接的按键，此时与 P1. 0 相连接的发光二极管亮，松开按键，小灯灭，实现了利用按键控制小灯的功能。其实际效果如图 2-28 所示。

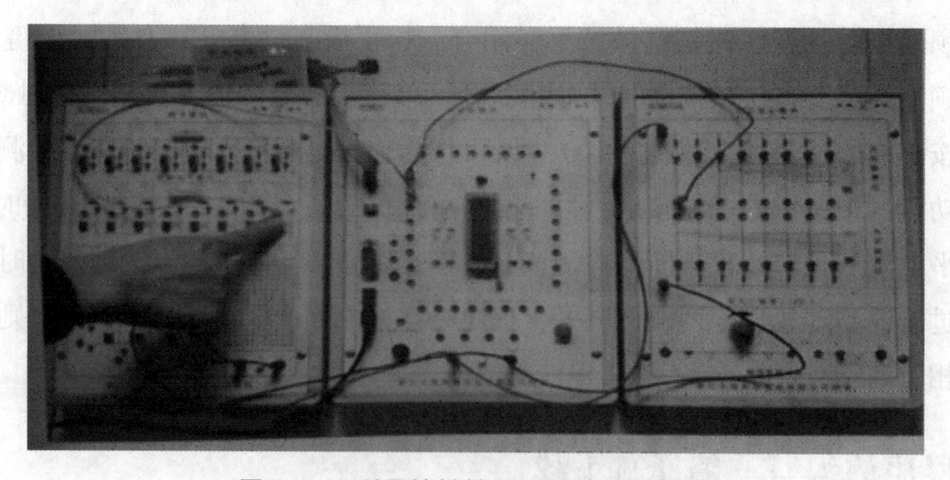

图 2-28　利用按键控制小灯的实际效果

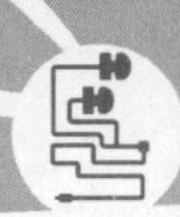

第二章　技能训练

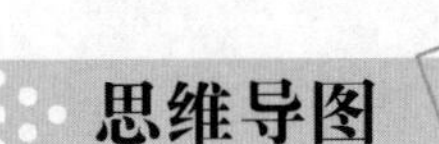

思维导图

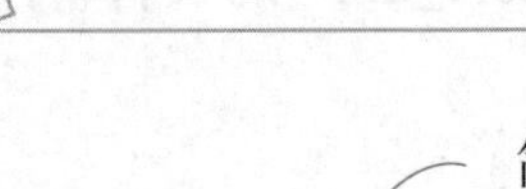

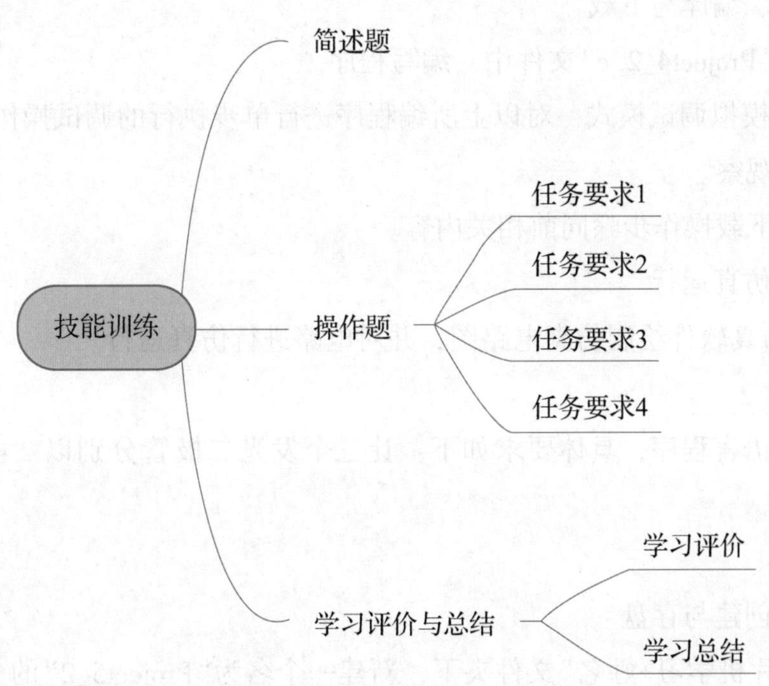

一、简述题

(1)若让一个发光二极管以 1 s 亮、500 ms 灭轮流闪烁，该如何编写程序？

(2)while( )语句、for 语句及不带参数函数在使用过程中应注意什么？

(3)#define 宏定义及带参数函数在使用过程中应注意什么？

(4)试任意编写一个应用#define 宏定义及带参数函数的 C 语言程序。

(5)局部变量与全局变量有什么不同？

(6)对 C 语言程序进行 Keil 仿真模拟调试有什么好处？

(7)位操作法与总线操作法的主要区别在哪些方面？

(8)单片机是如何对独立按键进行检测的？

(9)if 语句在使用中应注意什么？

二、操作题

1. 任务要求 1

试编写一个 C 语言程序，具体要求如下：让一个发光二极管以 600 ms 的时间间隔亮灭闪烁。

操作步骤如下：

1）Keil 工程的创建与存盘

（1）在“D：\ 单片机学习+姓名”文件夹下，新建一个名为“Project4_2”的文件夹。

（2）在“Project4_2”文件夹下，新建一个名为“Project4_2”的工程。

（3）在“Project4_2”工程中，新建一个名为“Project4_2. c”的文件。

2）程序的编写、编译与下载

在上述建立的“Project4_2. c”文件中，编写程序。

进入 Keil 仿真模拟调试模式，对以上所编程序进行单步执行的调试操作，并对涉及的 I/O 口与变量状态进行观察。

程序的编译与下载操作步骤同前相关内容。

3）对电路进行仿真运行

使用 Proteus 仿真软件绘制仿真电路图，并对电路进行仿真运行。

2. 任务要求 2

试编写一个 C 语言程序，具体要求如下：让三个发光二极管分别以 2 s、3 s、4 s 的时间间隔亮灭轮流闪烁。

操作步骤如下：

1）Keil 工程的创建与存盘

①在“D：\ 单片机学习+姓名”文件夹下，新建一个名为“Project5_2”的文件夹。

②在“Project5_2”文件夹下，新建一个名为“Project5_2”的工程。

③在“Project5_2”工程中，新建一个名为“Project5_2. c”的文件。

2）程序的编写、编译与下载

在上述建立的“Project5_2. c”文件中，编写程序。

进入 Keil 仿真模拟调试模式，对以上所编程序进行单步执行的调试操作，并对涉及的 I/O 口与变量状态进行观察。

程序的编译与下载操作步骤具体可参照前面的相关内容。

3）对电路进行仿真运行

使用 Proteus 仿真软件绘制仿真电路图，并对电路进行仿真运行。

3. 任务要求 3

试编写一个 C 语言程序，具体要求如下：让四个发光二极管分别以 2 s、3 s、4 s、5 s 的时间间隔亮灭轮流闪烁。

操作步骤如下：

1）Keil 工程的创建与存盘

（1）在“D：\ 单片机学习+姓名”文件夹下，新建一个名为“Project6_2”的文件夹。

(2)在“Project6_2”文件夹下，新建一个名为“Project6_2”的工程。

(3)在“Project6_2”工程中，新建一个名为“Project6_2. c”的文件。

2)程序的编写、编译与下载

在上述建立的“Project6_2. c”文件中，编写程序。

进入 Keil 仿真模拟调试模式，对以上所编程序进行单步执行的调试操作，并对涉及的 I/O 口与变量状态进行观察。

程序的编译与下载操作步骤具体可参照前面的相关内容。

3)对电路进行仿真运行

使用 Proteus 仿真软件绘制仿真电路图，并对电路进行仿真运行。

4. 任务要求 4

试编写一个 C 语言程序，具体要求如下：让单片机的 P1. 2 脚作为一个独立按键的输入，去控制与 P1. 5 脚相连的一个发光二极管，按下按键，发光二极管亮，松开按键，发光二极管灭。

操作步骤如下：

1)Keil 工程的创建与存盘

(1)在“D:\ 单片机学习+姓名”文件夹下，新建一个名为“Project7_2”的文件夹。

(2)在“Project7_2”文件夹下，新建一个名为“Project7_2”的工程。

(3)在“Project7_2”工程中，新建一个名为“Project7_2. c”的文件。

2)程序的编写、模拟调试、编译与下载

在上述建立的“Project7_2. c”文件中，编写程序。

进入 Keil 仿真模拟调试模式，对以上所编程序进行单步执行的调试操作，并对涉及的 I/O 口与变量状态进行观察。

程序的编译与下载操作步骤具体可参照前面中的相关内容。

3)对电路进行仿真运行

使用 Proteus 仿真软件绘制仿真电路图，并对电路进行仿真运行。

三、学习评价与总结

1. 学习评价(表 2-1)

表 2-1　学习评价

评价项目	项目评价与内容	分值	自我评价	小组评价	教师评价	得分
理论知识	Proteus 各项操作是否熟悉	10				
	C 语言各语句是否掌握	10				
	单片机按键检测是否掌握	10				

续表

评价项目	项目评价与内容	分值	自我评价	小组评价	教师评价	得分
操作技能	原理图能否熟练画出	10				
	元件能否迅速找到	10				
	程序是否编写正确	10				
	程序能否调试、编译、下载	10				
学习态度	出勤情况及纪律	5				
	团队协作精神	10				
安全文明生产	工具的正确使用及维护	10				
	实训场地的整理和卫生保持	5				
综合评价		100				

2. 学习总结(表 2-2)

表 2-2 学习总结

成功之处	
不足之处	
如何改进	

模块三

数码管的控制（中级篇）

第一章 知识单元

任务一 舞台灯光控制

思维导图

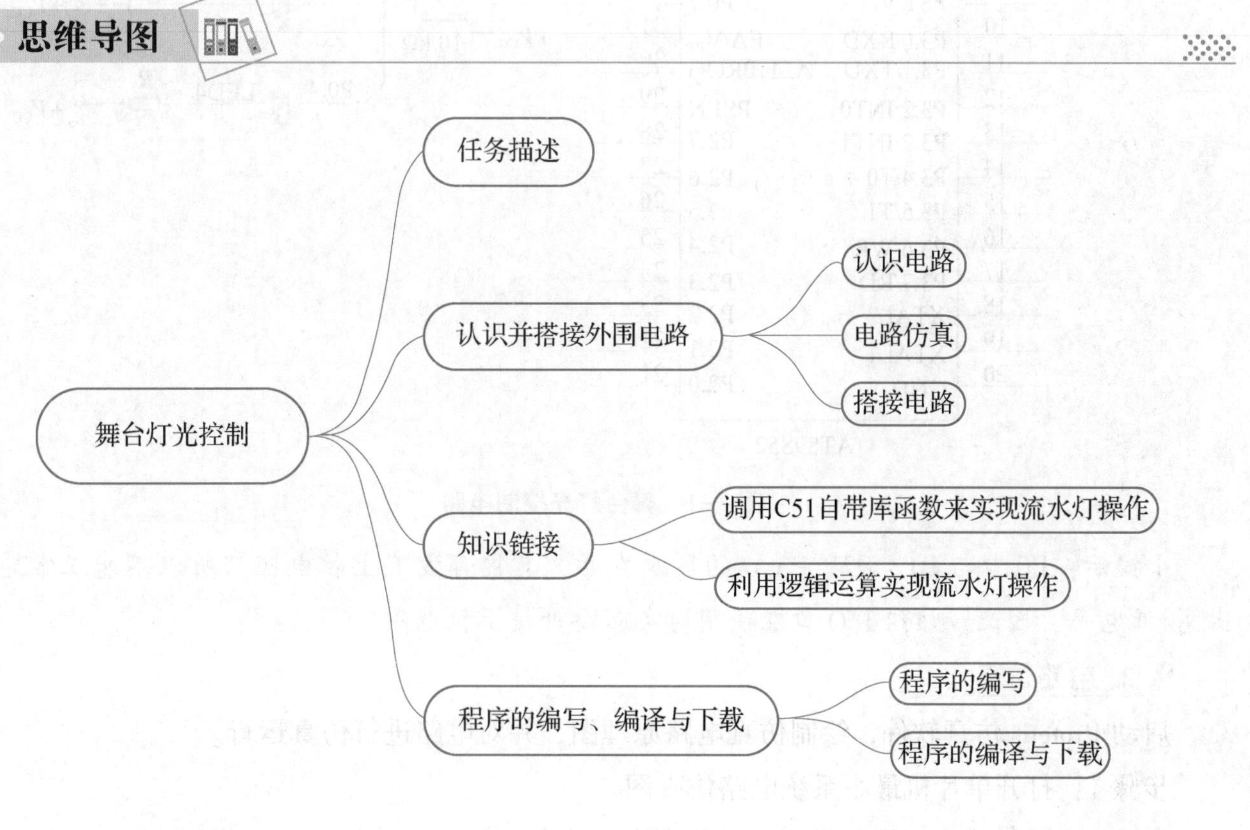

一、任务描述

在一些晚会或演出中，经常会见到各种各样的舞台及舞台灯光。很多舞台灯光变化无穷、非常漂亮，令人们目不暇接。本任务是模拟设计一个变化多端的舞台灯光控制的程序。

二、认识并搭接外围电路

1. 认识电路

图 3-1 所示为除单片机最小系统工作电路外所需要搭接的外围电路，单片机的 P1. 0、P1. 1、P1. 2、P1. 3 四个引脚各接一个独立的按键开关，P0. 0、P0. 1、P0. 2、P0. 3、P0. 4 五个引脚各接一个独立的发光二极管。另外，P0 口作为输入口工作时必须外接上拉电阻，通常接 10 kΩ 的排电阻。在图 3-1 所示电路中接的就是 10 kΩ 的排电阻。

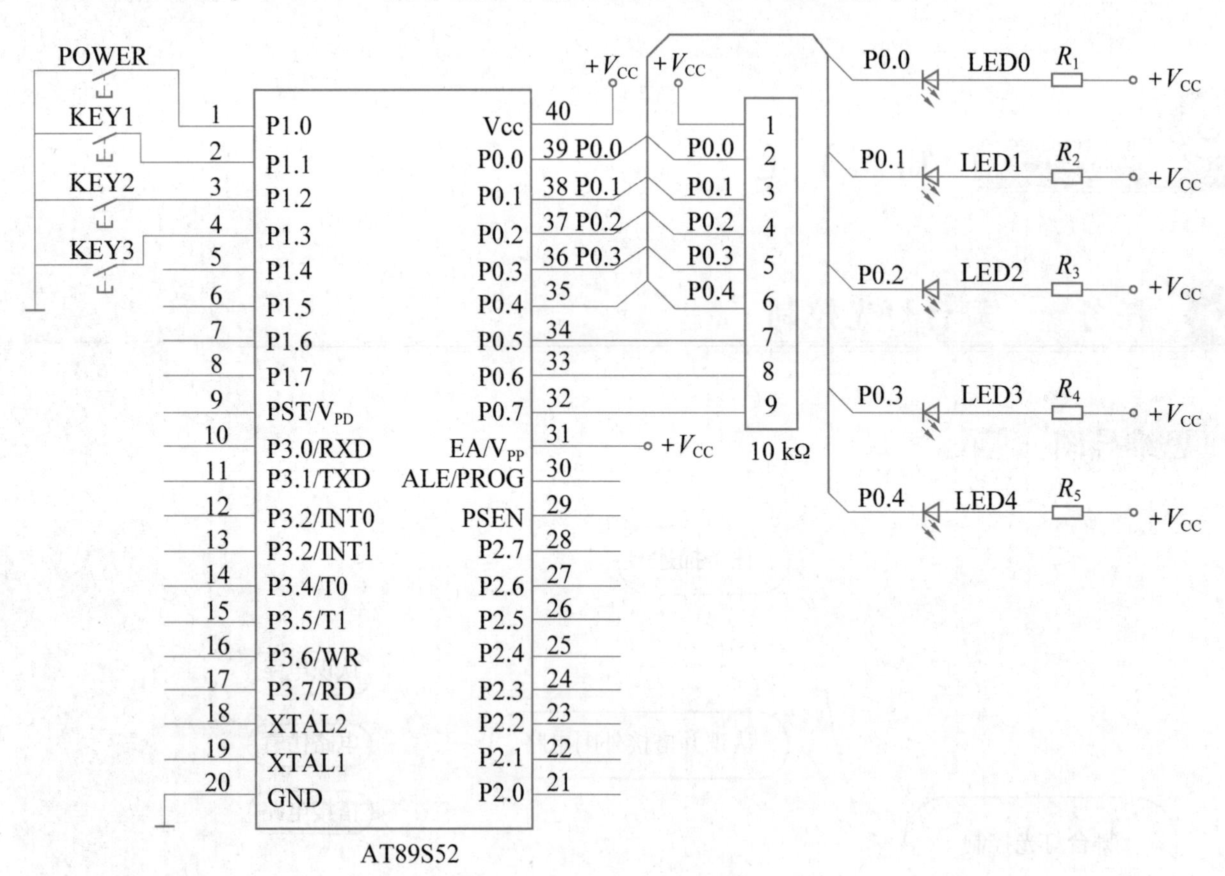

图 3-1　舞台灯光控制电路

小提示：P0 口与 P1、P2、P3 口的区别在于，其内部没有上拉电阻，所以不能正常地输出高/低电平，因此，该组 I/O 口在使用时务必要外接上拉电阻。

2. 电路仿真

启动 Proteus 仿真软件，绘制仿真电路原理图，并对电路进行仿真运行。

步骤 1：打开单片机最小系统电路仿真图。

步骤 2：添加并放置排电阻。在元件模式下单击“元件选取”按钮 P，弹出“选取元件”对话框，在关键字处输入 RESPACK，找到“RESPACK-8”双击，将其添加到元件列表区，如图 3-2 所示，并把其放置到原理图编辑区。

步骤 3：放置电阻并修改参数。在元件列表区中单击“RES”，选中电阻元件，放置 5 个电阻到相应位置并分别双击，弹出“编辑元件”对话框，在 Resistance 中更改它的阻值为 500，单击“确认”按钮，完成参数的修改。

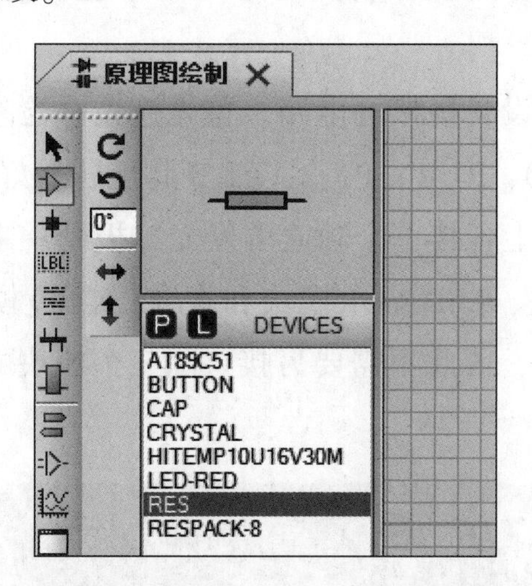

图 3-2　添加“RES”到元件列表区

步骤 4：放置发光二极管。在元件列表区中单击“LED-RED”，选中发光二极管，单击“顺时针旋转”按钮，旋转 90°，发光二极管的负极向右、正极向左，放置 5 个发光二极管到电路相应的位置。

步骤 5：放置按键。在元件列表区中单击“BUTTON”，选中按键，放置 4 个按键到电路相应位置。

步骤 6：放置电源及连接。选择终端模式，单击“电源 POWER”，把电源放置到电路相应位置，并按要求连接好电路。连线完成后的舞台灯光控制电路如图 3-3 所示。

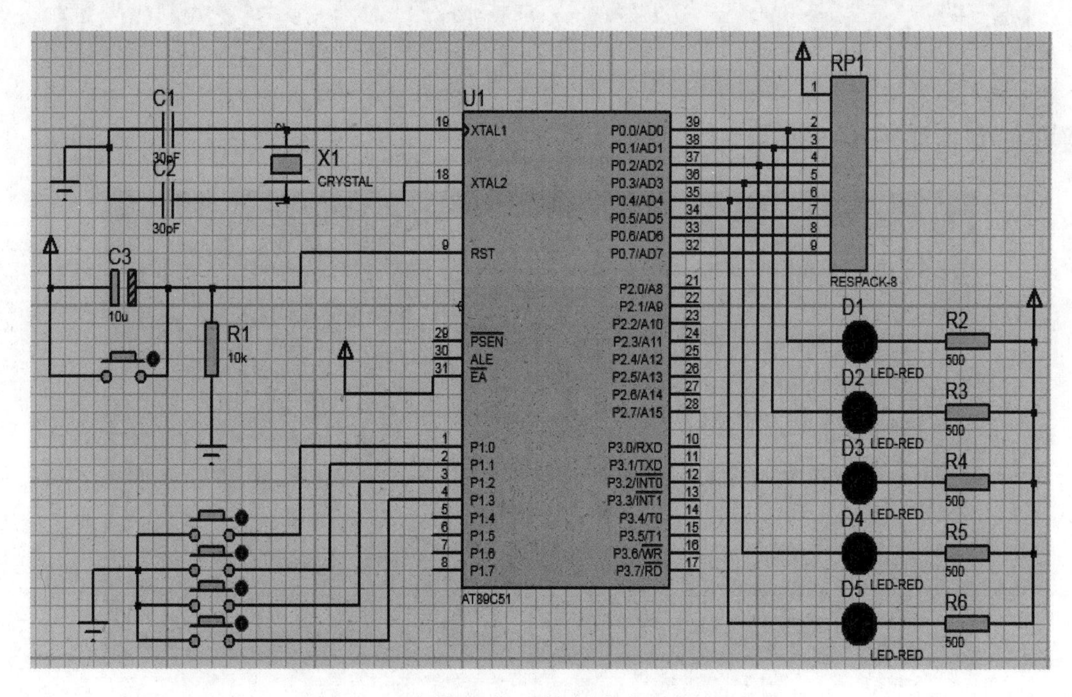

图 3-3　连线完成后的舞台灯光控制电路

步骤 7：添加舞台灯光控制 .hex 文件。双击单片机元件，弹出“编辑元件”对话框，在“Program File”选项的右侧单击文件夹图标，找到已经编译好的舞台灯光控制 .hex 文件，单击“确定”按钮。

步骤 8：仿真运行。单击左下角的"仿真运行"按钮，查看仿真效果。

3. 搭接电路

根据原理图及已有的硬件设备搭接好电路。首先连接并检查单片机最小系统正常工作所需的电路，然后按要求在 P1.0、P1.1、P1.2、P1.3 脚上各接好一个独立的按键开关，P0.0、P0.1、P0.2、P0.3、P0.4 脚上各接一个独立的发光二极管。本项目采用的是由模块组合的开发板，需要用到单片机模块、LED 显示模块和指令(键盘)模块三个模块，值得注意的是 10 kΩ 的排电阻已做在模块中，因此不需要另接。除三个模块的电源与地分别连接外，其余模块板连线如图 3-4 所示。

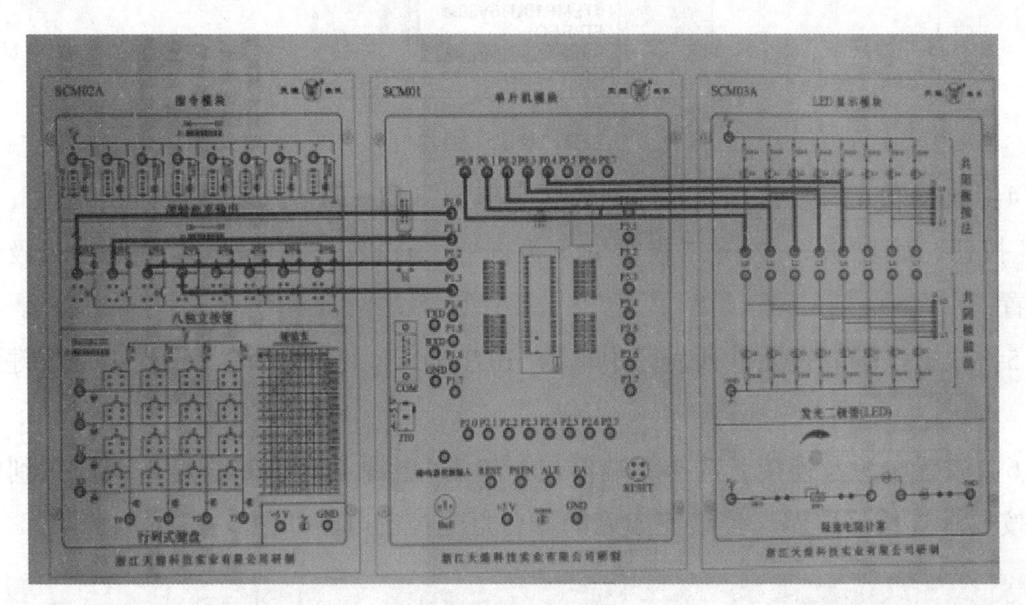

图 3-4 模块板连线

连接好的实物如图 3-5 所示。

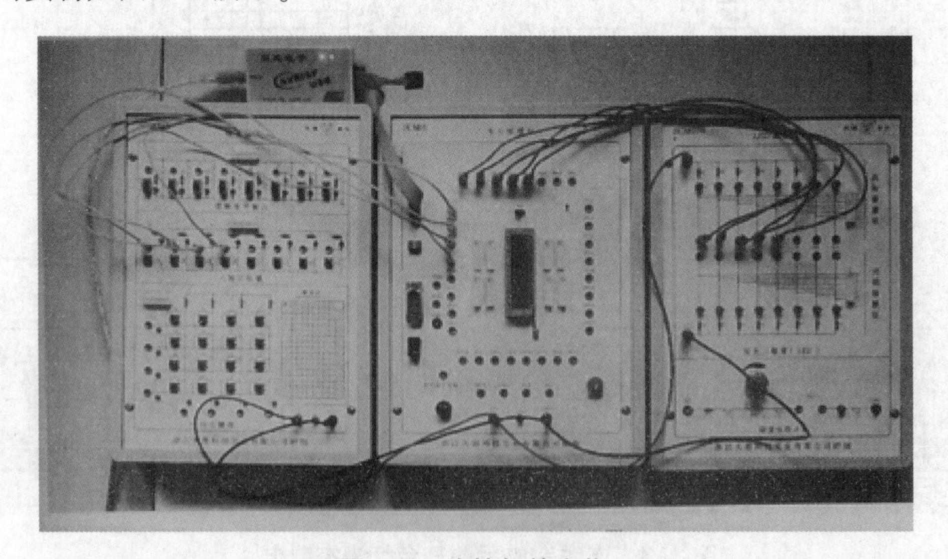

图 3-5 连接好的实物

连接好电路后，切断电源，等待程序的下载，即做好程序下载前的所有硬件准备工作。

三、知识链接

1. 调用 C51 自带库函数来实现流水灯操作

打开 Keil 软件安装文件夹，定位到 Keil \ C51 \ HLP 文件夹，打开此文件夹下的 C51. chm 文件，这是 C51 自带库函数帮助文件。在索引栏找到_crol_函数，双击打开它的介绍，内容如下：

```
#include <intrins. h>
unsigned char_crol_ (unsigned char c.        /* character to rotate left* /
unsigned char b);                            /* bit positions to rotate* /
Description:
The_crol_ routine rotates the bit pattern for the character c left b bits. This routine
is implemented as an intrinsic function. The code required is ineluded in-line rather than
being called.
Return Value:
The_crol routine returns the rotated value of c.
```

这个函数包含在 intrins. h 头文件中，也就是说，如果在程序中要用到这个函数，那么必须在程序的开头处包含 intrins. h 头文件。这个函数“unsigned char_crol_(unsigned char c，unsigned char b);”小括号里有两个形参 unsigned char c 和 unsigned char b，这种函数称为有返回值、带参数的函数。有返回值的意思是说，程序执行完这个函数后，通过函数内部的某些运算而得出一个新值，该函数最终将这个新值返回给调用它的语句。_crol_是函数名，_crol_这个函数的意思是将字符 c 循环左移 b 位，_crol_这个函数返回的是将 c 循环左移 b 位之后的值。

例如：试编写一个利用 C51 自带库函数来实现流水灯的程序。

```
#include <reg52. h>
#include <intrins. h>                    //包含_crol_函数的头文件
#define uchar unsigned char              //宏定义
#define uint unsigned int
uchar temp;
void delay (uint utime);                 //声明子函数
void main ( )
{
    temp=0xfe;                           //十六进制数赋值
    Pl=temp;                             //P1 口赋初值
    while (1)                            //大循环
    {
        temp=_crol_ (temp, 1);           //循环左移
        delay (600);                     //延时 600 ms
        P1=temp;                         //循环左移后的赋值
        delay (600);
    }
```

```
}
void delay (uint utime)                       //子函数体
{
    uint i,j;
    for (i=utime;i>0;i--)                     //延时 utime 毫秒
        for (j=115;j>0;j--);
}
```

小提示：(1)循环左移的操作过程。上例中，变量"temp"的初值为十六进制数"0xfe"，其转化为二进制数是"11111110"，通过一次循环左移后变为"11111101"，即最高位移入最低位，其他位依次向左移1位。

(2)循环右移的函数名是_cror_，其格式与循环左移相同。

2. 利用逻辑运算实现流水灯操作

1)左移程序

```
#include <reg52.h>                            //52系列单片机头文件
#define uchar unsigned char                   //宏定义
uchar a;
void main ()
{
    a=0xaa;                                   //十六进制数赋值
    while (1)
    {
        a=a<<1;                               //左移
    }
}
```

2)右移程序

```
#include <reg52.h>                            //52系列单片机头文件
#define uchar unsigned char                   //宏定义
uchar a;
void main ()                                  //主函数
{
    a=0xaa;                                   //十六进制数赋值
    while (1)
    {
        a=a>>1;                               //右移
    }
}
```

小提示：(1)左移。C51中的操作符为"<<"，每执行一次左移指令，最低位补0，其他位依次向左移动1位。如二进制数"11011001"执行一次左移指令后变为"10110010"。

(2)右移只是方向与左移相反，但其执行过程同左移。

四、程序的编写、编译与下载

1. 程序的编写

步骤1：在“D:\ 单片机学习+姓名”文件夹下新建一个名为“Project8_1”的文件夹。

步骤2：在“Project8_1”文件夹下，新建一个名为“Project8_1”的工程。

步骤3：在“Project8_1”工程中，新建一个名为“Project8_1. c”的文件。

步骤4：回到建立工程后的编辑界面“Project8_1. c”下，在当前编辑框中输入如下的C语言源程序。

```
#include <reg52.h>                    //52系列单片机头文件
#define uint unsigned int             //宏定义
#define uchar unsigned char           //宏定义
sbit POWER=P1^0;                      //P1.0脚作为电源控制按键输入口
sbit KEY1=P1^1;                       //P1.1~P1.3脚作为按键输入口
sbit KEY2=P1^2;
sbit KEY3=P1^3;
sbit LED0=P0^0;                       //P0.0~P0.4脚作为输出口
sbit LED1=P0^1;
sbit LED2=P0^2;
sbit LED3=P0^3;
sbit LED4=P0^4;
void delay (uchar utime);             //声明子函数
void main ( )                         //主函数
{
    bit bpower;                       //声明位类型数据
    bpower=0;
    while (1)                         //大循环
    {
        if (POWER==0)                 //判断是否按下电源按键
        {
            delay (200);              //去抖动操作,延时200 ms
            if (POWER==0)
            {
                bpower=~bpower;
            }
        }
        if (bpower)                   //确定电源按键被按下后,才开始执行以下程序
        {
            if (KEY1==0)              //判断是否按下KEY1键
            {
```

```
            delay (200);                      //去抖动操作
            if (KEY1==0)
            {
                LED0=~LED0;                   //按 KEY1 键能控制 LED0 灯的亮灭
            }
        }
        if (KEY2==0)                          //判断是否按下 KEY2 键
        {
            delay (200);
            if (KEY2==0)
            {
                LED1=0;                       //按下 KEY2 键后,LED1~LED3 灯轮流闪烁一次
                delay (1 000);                //延时 1 000 ms,即 1 s
                LED1=1
                delay (1 000);
                LED2=0;
                delay (1 000);
                LED2=1;
                delay (1 000);
                LED3=0;
                delay (1 000);
                LED3=1;
                delay (1 000);
            }
        }
        if (~KEY3)                            //判断是否按下 KEY3 键
        {
            delay (200);                      //去抖动操作
            if (~KEY3)
            {
                LED4=0;                       //按下 KEY3 键时,LED4 灯亮
            }
        }
        else
        LED4=1;                               //松开 KEY3 键时,LED4 灯灭
    }
  }
}
void delay (uchar utime)                      //子函数体
{
    uint i,j;
    for (i=utime;i>0;i--)                     //延时 utime 毫秒
    for (j=115;j>0;j--);
}
```

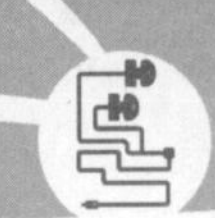

步骤 5：输入完程序后，将程序存盘。

小提示：(1)符号“~”是取反的意思。(2)语句“bit bpower;”和“bpower=0;”可以合并成“bit bpower=0;”一个语句。

2. 程序的编译与下载

程序的编译与下载操作步骤具体可参照前面任务中的相关内容。

接通单片机电源，按下电源按键 POWER 后，若按独立按键开关 KEY1 键，就能控制 LED0 灯的亮灭。若按一次独立按键开关 KEY2 键，则 LED1、LED2、LED3 灯就轮流闪烁一次。若按下独立按键开关 KEY3 键，则 LED4 灯就被点亮，松开按键即灭。其实际效果如图 3-6 所示。

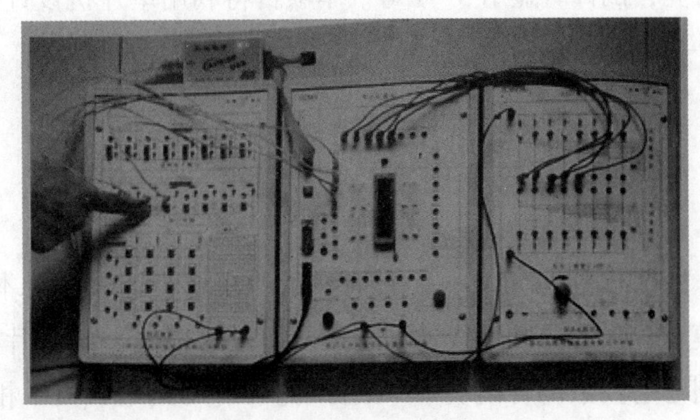

图 3-6　舞台灯光控制电路的实际效果

任务二　10 s 倒计时的设计

思维导图

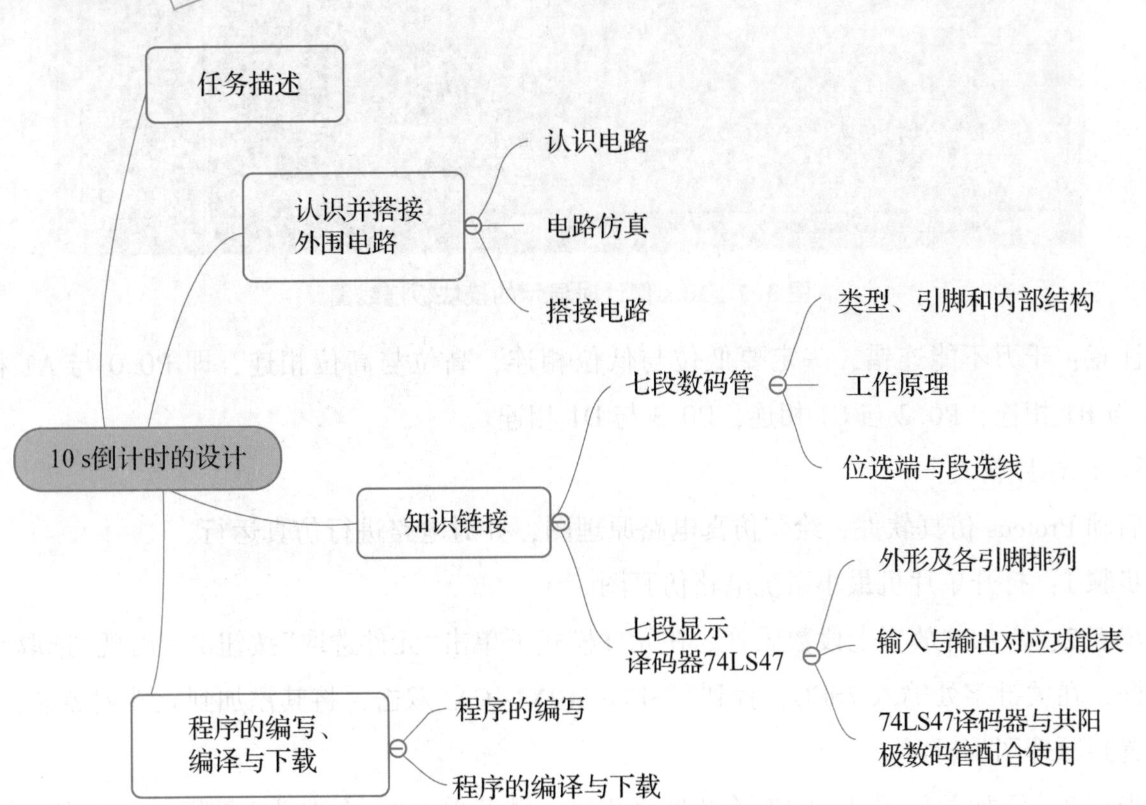

一、任务描述

在十字路口的红绿灯系统中，经常会见到秒倒计时的显示，如绿灯亮，倒计时显示 45→1；黄灯亮，倒计时显示 3→1 等。本项目将利用单片机设计一个 10 s 倒计时的显示，即每隔 1 s 显示 9→0 十个数字。

二、认识并搭接外围电路

1. 认识电路

图 3-7 所示为 10 s 倒计时显示的模块板连线图。本项目需要用到单片机模块和七段数码管模块。除电源和地线外，还需要连接 4 根线，即单片机模块中的 P0. 0、P0. 1、P0. 2、P0. 3 分别与七段数码管模块中 74LS47 的 A1、B1、C1、D1 相连。

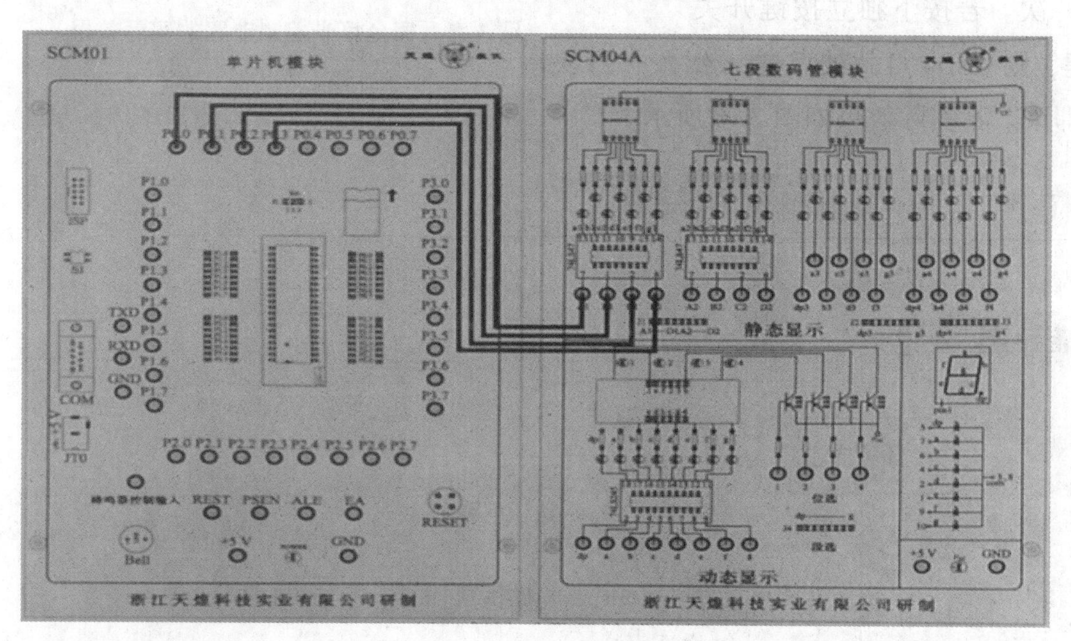

图 3-7　10 s 倒计时显示的模块板连线图

注意：千万不能连错，一定要低位与低位相连，高位与高位相连，即 P0. 0 与 A1 相连，P0. 1 与 B1 相连，P0. 2 与 C1 相连，P0. 3 与 D1 相连。

2. 电路仿真

启动 Proteus 仿真软件，绘制仿真电路原理图，并对电路进行仿真运行。

步骤 1：打开单片机最小系统电路仿真图。

步骤 2：添加并放置七段数码管。在元件模式下单击“元件选取”按钮 P，出现“选取元件”对话框，在关键字处输入 7SEG，找到“7SEG-MPX1-CA”双击，将其添加到元件列表区，并把其放置到原理图编辑区。

步骤 3：添加并放置 74LS47 译码驱动芯片。继续单击“元件选取”按钮 P，出现“选取元件”对话框，在关键字处输入 74LS47，找到“74LS47”双击，将其添加到元件列表区，并把

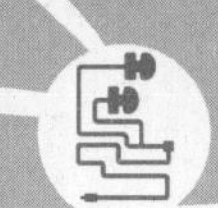

其放置到原理图编辑区。添加完七段数码管和74LS47译码驱动芯片的元件列表区如图3-8所示。

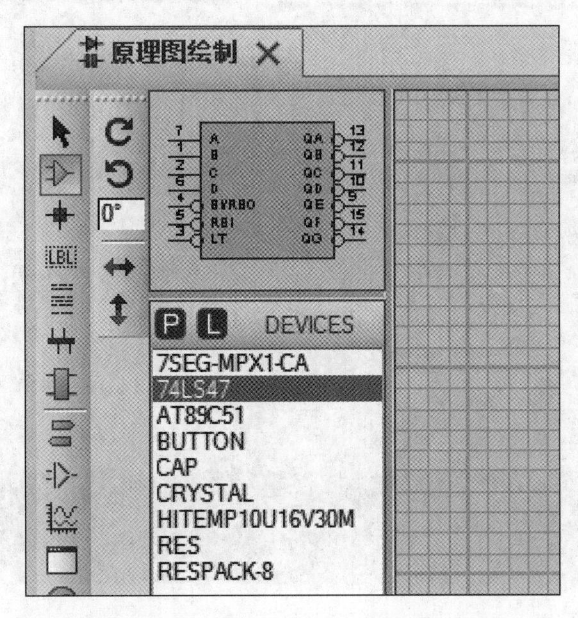

图3-8　添加完七段数码管和74LS47译码驱动芯片的元件列表区

步骤4：放置电源及连接。选择终端模式，单击"电源 POWER"，把电源放置到电路相应位置，并按要求连接好电路。连线完成的10 s倒计时显示电路如图3-9所示。

步骤5：添加10 s倒计时显示.hex文件。双击单片机元件，弹出"编辑元件"对话框，在Program File选项的右侧单击"文件夹图标"，找到已经编译好的10 s倒计时显示.hex文件，单击"确定"按钮。

步骤6：仿真运行。单击左下角的"仿真运行"按钮，查看仿真效果。

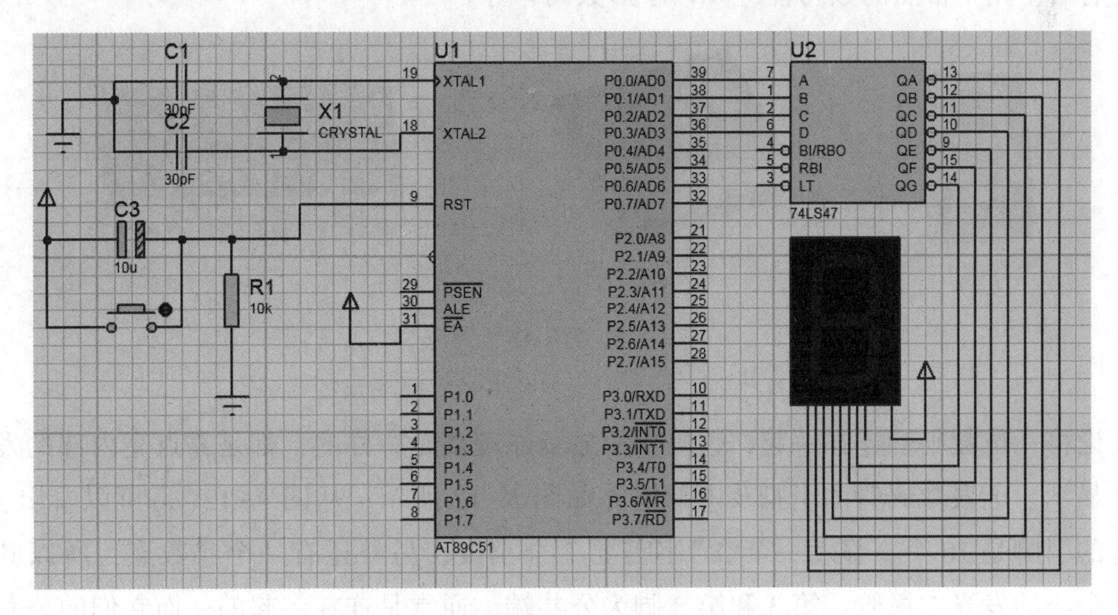

图3-9　连线完成的10 s倒计时显示电路

3. 搭接电路

根据模块板连线图搭接好电路。连接好的实物如图3-10所示。

连接好电路后，切断电源，等待程序的下载，即做好程序下载前的所有硬件准备工作。

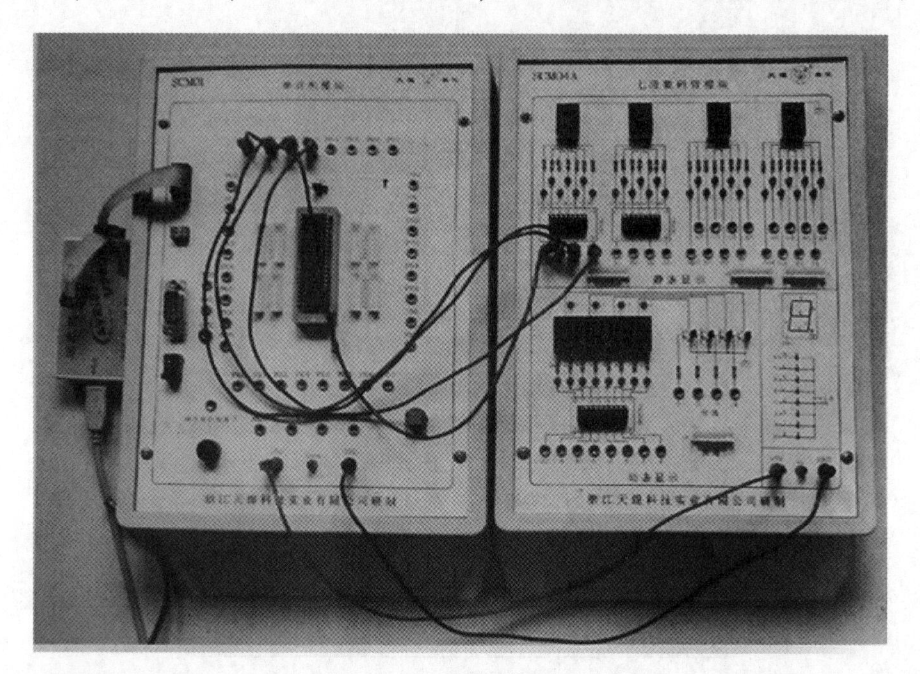

图 3-10 连接好的实物

三、知识链接

1. 七段数码管

1)类型、引脚和内部结构

数码管通常有 1 位数码管、2 位数码管和 4 位数码管，它们的外形分别如图 3-11 所示。另外还有右下角不带点的数码管、“米”字形数码管等。

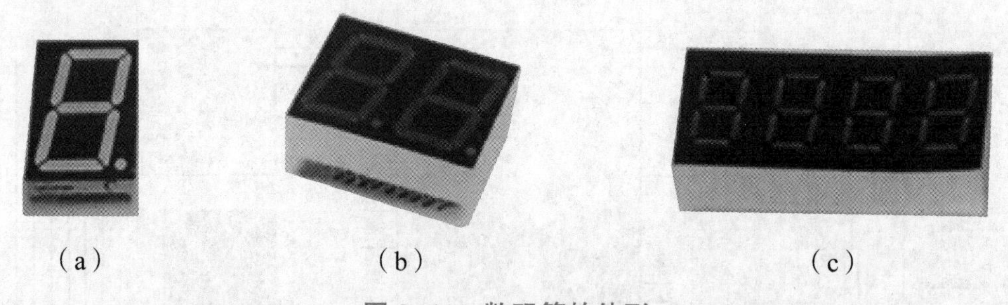

(a)　　(b)　　(c)

图 3-11 数码管的外形

(a)1 位数码管；(b)2 位数码管；(c)4 位数码管

无论将几位数码管连在一起，数码管的显示原理都是一样的，都是靠点亮内部的发光二极管来显示。七段数码管的引脚及内部电路如图 3-12 所示。从图 3-12(a)可以看出，1 位数码管的引脚是 10 个，显示一个“8”字需要 7 个小段，另外还有一个小数点，所以其内部共有 8 个小的发光二极管，第 3 和第 8 脚为公共端，通常是连在一起的。而它们的公共端又分为共阳极和共阴极，图 3-12(b)所示为共阳极内部电路图，图 3-12(c)所示为共阴极内部电路图。

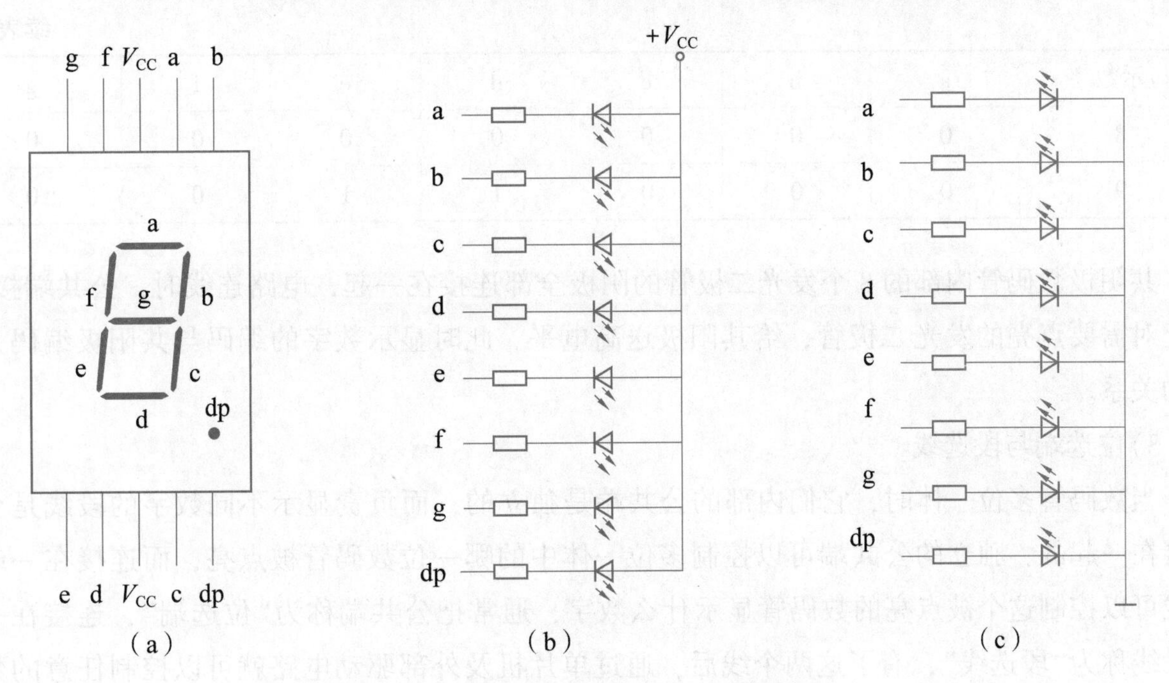

图 3-12　七段数码管的引脚及内部电路

(a)引脚；(b)共阳极内部电路图；(c)共阴极内部电路图

2)工作原理

对于共阳极数码管来说，其 8 个发光二极管的阳极在数码管内部全部连接在一起，所以称为“共阳极”，而它们的阴极是独立的。通常在设计电路时，将阳极与电源相接。当给数码管的任一个阴极加低电平时，对应的发光二极管被点亮。如果想要显示出一个“8”字，并且把右下角的小数点也点亮，可以给 8 个阴极全部送低电平，如果想让它显示出一个“0”字，那么可以给“g、dp”这两个引脚送高电平，其余引脚全部送低电平，这样它就显示出“0”字。想让它显示哪个数字，就给相对应的发光二极管送低电平，因此在显示数字的时候，首先做的就是给 0~9 十个数字编码，根据要显示的数字直接把这个编码送到它的阴极。共阳极数码管显示数字与各引脚电平对应值如表 3-1 所示。

表 3-1　共阳极数码管显示数字与各引脚电平对应值

显示数字	a	b	c	d	e	f	g
0	0	0	0	0	0	0	1
1	1	0	0	1	1	1	1
2	0	0	1	0	0	1	0
3	0	0	0	0	1	1	0
4	1	0	0	1	1	0	0
5	0	1	0	0	1	0	0
6	1	1	0	0	0	0	0
7	0	0	0	1	1	1	1

续表

显示数字	a	b	c	d	e	f	g
8	0	0	0	0	0	0	0
9	0	0	0	1	1	0	0

共阴极数码管内部的 8 个发光二极管的阴极全部连接在一起，电路连线时，公共端接地，因此对需要点亮的发光二极管，给其阳极送高电平，此时显示数字的编码与共阳极编码是相反的关系。

3) 位选端与段选线

当数码管多位一体时，它们内部的公共端是独立的，而负责显示不同数字的段线是全部连接在一起的，独立的公共端可以控制多位一体中的哪一位数码管被点亮，而连接在一起的段线可以控制这个被点亮的数码管显示什么数字，通常把公共端称为“位选端”，连接在一起的段线称为“段选线”，有了这两个线后，通过单片机及外部驱动电路就可以控制任意的数码管显示任意的数字。

小提示：一般，1 位数码管具有 10 个引脚，2 位数码管也具有 10 个引脚，4 位数码管具有 12 个引脚。关于具体的引脚及段、位标号，读者可以查询相关资料。

2. 七段显示译码器 74LS47

1) 外形及各引脚排列

74LS47 是中规模集成电路，是一种常用的七段显示译码器。该电路的输出为低电平有效，即输出为 0 时，对应字段点亮；输出为 1 时，对应字段熄灭。该译码器能够驱动七段显示器显示 0~15 共 16 个数字的字形。其外形及引脚排列如图 3-13 所示。

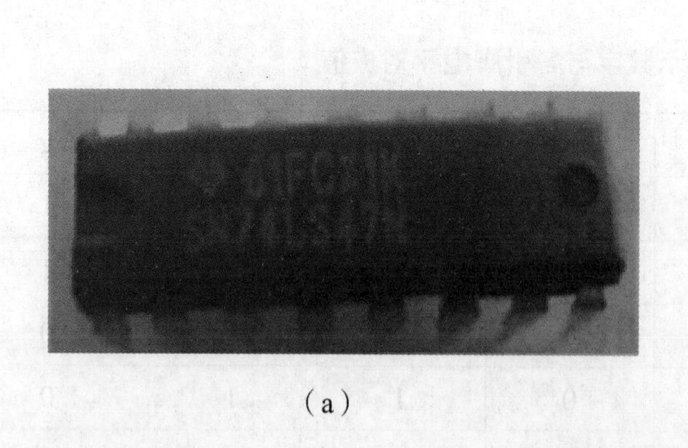

(a)

$\overline{BI}/\overline{RDO}$ 4　　Vcc 16
$\overline{RBI}$ 5
$\overline{LT}$ 3
A0 7　　$\overline{a}$ 13
A1 1　　$\overline{b}$ 12
A2 2　　$\overline{c}$ 11
A3 6　　$\overline{d}$ 10
GND 8　　$\overline{e}$ 9
$\overline{f}$ 15
$\overline{g}$ 14

(b)

图 3-13　74LS47 的外形及引脚排列

(a) 外形；(b) 引脚排列

74LS47 七段显示译码器共有 16 个引脚，其中，9~15 脚为输出端，1、2、6、7 脚为输入端，3、4、5 脚为功能控制端，16 脚接电源，8 脚接地。

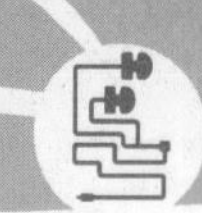

2)输入与输出对应功能表

74LS47 七段显示译码器工作时，把功能控制端 3、4、5 脚均接高电平，则其输入与输出对应的功能如表 3-2 所示。

表 3-2　74LS47 输入与输出对应的功能

十进制数	输入				输出						
	A3	A2	A1	A0	a	b	c	d	e	f	g
0	0	0	0	0	0	0	0	0	0	0	1
1	0	0	0	1	1	0	0	1	1	1	1
2	0	0	1	0	0	0	1	0	0	1	0
3	0	0	1	1	0	0	0	0	1	1	0
4	0	1	0	0	1	0	0	1	1	0	0
5	0	1	0	1	0	1	0	0	1	0	0
6	0	1	1	0	1	1	0	0	0	0	0
7	0	1	1	1	0	0	0	1	1	1	1
8	1	0	0	0	0	0	0	0	0	0	0
9	1	0	0	1	0	0	0	1	1	0	0

3)74LS47 译码器与共阳极数码管配合使用

如图 3-14 所示，74LS47 七段显示译码器(输出低电平有效)与共阳极七段数码管配合使用。74LS47 七段显示译码器的输出 a、b、c、d、c、f、g 分别与 1 位共阳极七段数码管的 a、b、c、d、e、f、g 连接，则可通过控制 74LS47 七段显示译码器输入端 A0、A1、A2、A3 的值，来控制数码管显示的数字。若要显示“3”字，则只要在 A3、A2、A1、A0 端分别输入 0011 即可；若要显示“6”字，则在 A3、A2、A1、A0 端分别输入 0110 即可。

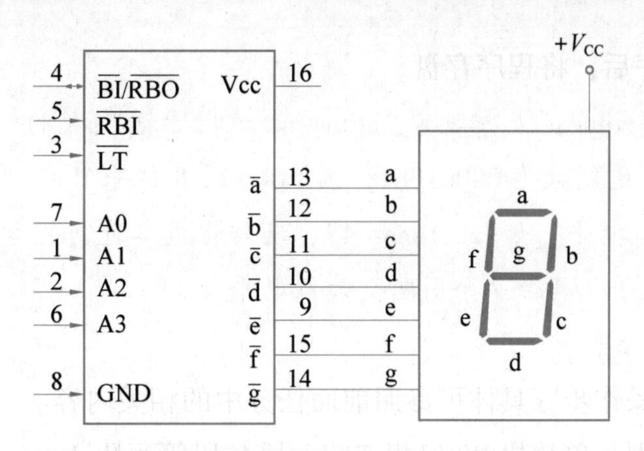

图 3-14　74LS47 与共阳极七段数码管配合使用

本任务是通过编程利用单片机 P0 口的 P0.0、P0.1、P0.2、P0.3 四个引脚值，分别去控制 74LS47 七段显示译码器的输入端 A0、A1、A2、A3 的值，从而实现数码管按要求显示数字。

四、程序的编写、编译与下载

1. 程序的编写

步骤 1：在“D：\ 单片机学习+姓名”文件夹下，新建一个名为“Project9_1”的文件夹。

步骤 2：在“Project9_1”文件夹下，新建一个名为“Project9_1”的工程。

步骤 3：在“Project9_1”工程中，新建一个名为“Project9_1. c”的文件。

步骤 4：回到建立工程后的编辑界面“Project9_1. c”下，在当前编辑框中输入如下的 C 语言源程序。

```
#include <reg52.h>                          //52 系列单片机头文件
#define uint unsigned int                   //宏定义
void delay ( );                             //声明子函数
void main ( )
{
    char ctime;                             //声明变量类型
    for (ctime=9; ctime> =0; ctime--)
    {
        P0=ctime:                           //十进制数赋值给 P0 口
        delay ( );                          //延时约 1 s
    }
    while (1);
}
void delay ( )                              //子函数体
{
    uint i, j;
    for ( i=1 000; i> 0; i-- )              //延时 1 s
        for ( j=115; j> 0; j-- );
}
```

步骤 5：输入完程序后，将程序存盘。

小提示：语句“P0 = ctime;”是把变量“ctime”的值以十进制数的形式赋给 P0 口。即如果“ctime=9”，其转化成二进制数为 00001001，则 P0 口的 8 位中只有 P0. 0 脚与 P0. 3 脚为高电平，其余 6 个引脚全为低电平。如果“ctime=4”，其转化成二进制数为 00000100，则 P0 口的 8 位中只有 P0. 2 脚为高电平，其余 7 个引脚全为低电平。

2. 程序的编译与下载

程序的编译与下载操作步骤具体可参照前面任务中的相关内容。

接通单片机电源，则与单片机 P0 口相连的七段数码管每隔 1 s 分别显示 9、8、7、6、5、4、3、2、1、0 十个数字，即 10 s 倒计时显示。其实际效果如图 3-15 所示。

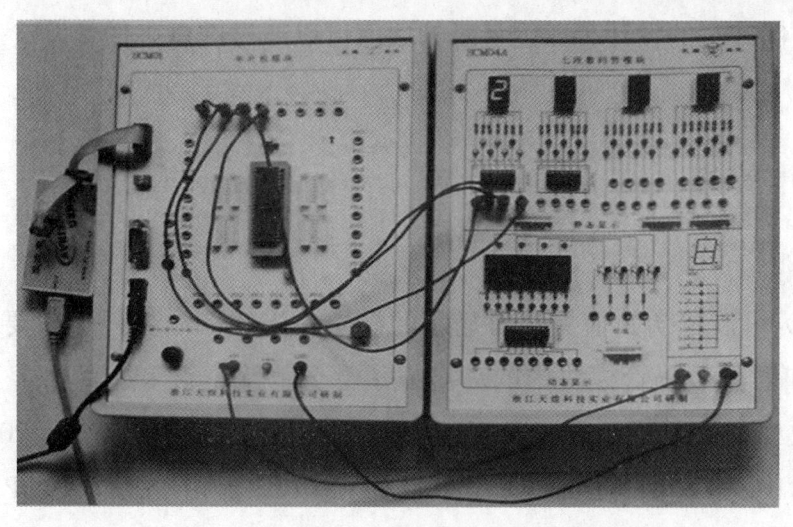

图 3-15　10 s 倒计时显示的实际效果

任务三　可设定初始值的倒计时

思维导图

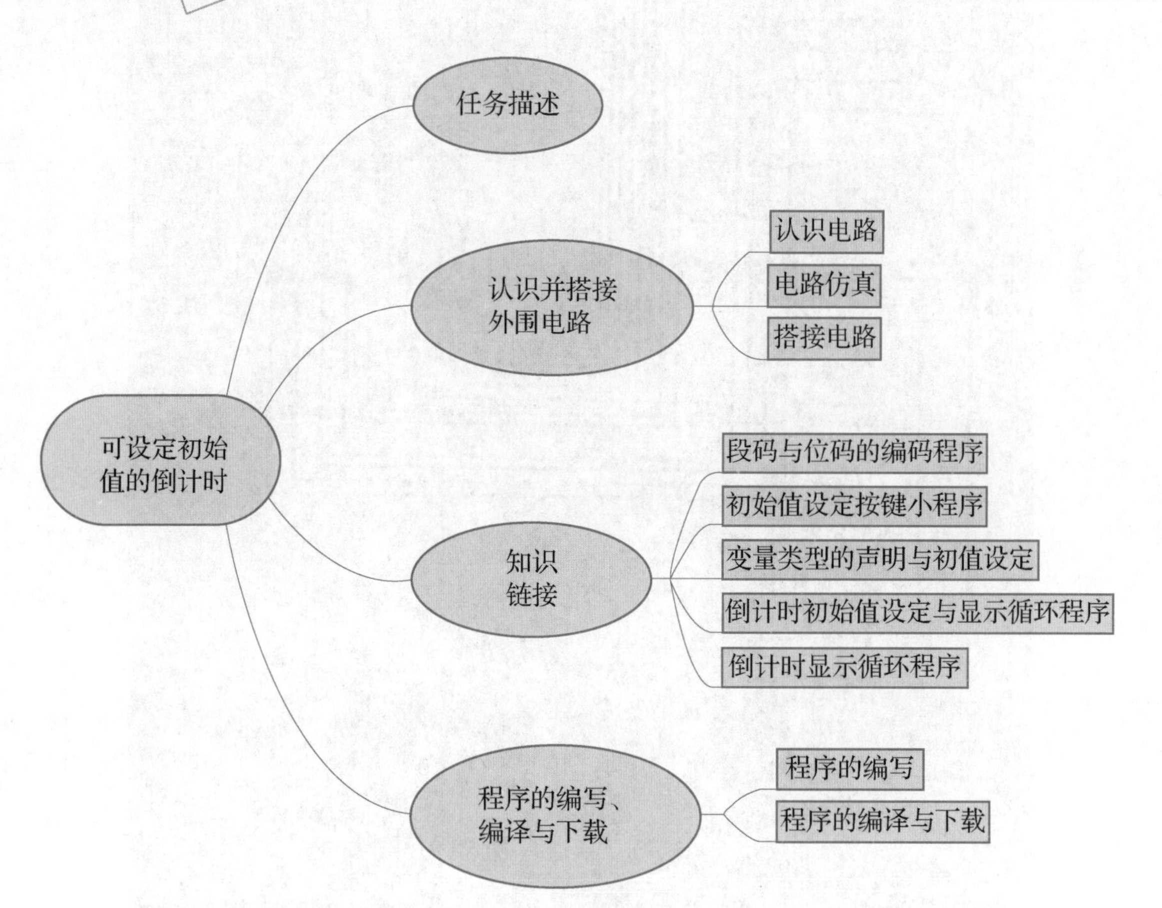

一、任务描述

前面任务中介绍了 10 s 倒计时的设计，此任务中倒计时的数值都是设定好的。本任务将介绍可设定初始值倒计时的设计，即倒计时的数值可以通过键盘来任意设定，只要不超过 4 位数字即可。

二、认识并搭接外围电路

1. 认识电路

图 3-16 所示为可设定初始值倒计时显示的模块板连线图。本任目需要用到单片机模块、指令(按键)模块和七段数码管模块中的动态显示部分。除电源和地线外，还需要连接 15 根线，即单片机模块中的 P0.0、P0.1、P0.2、P0.3、P0.4、P0.5、P0.6、P0.7 分别与七段数码管模块动态显示中 74LS245 的 dp、a、b、c、d、e、f、g 相连；P1.0、P1.1、P1.2、P1.3 分别与七段数码管模块动态显示中的位选端 1、2、3、4 相连；P2.0、P2.1、P2.2 分别与指令模块中独立按键的 K0、K1、K2 相连。

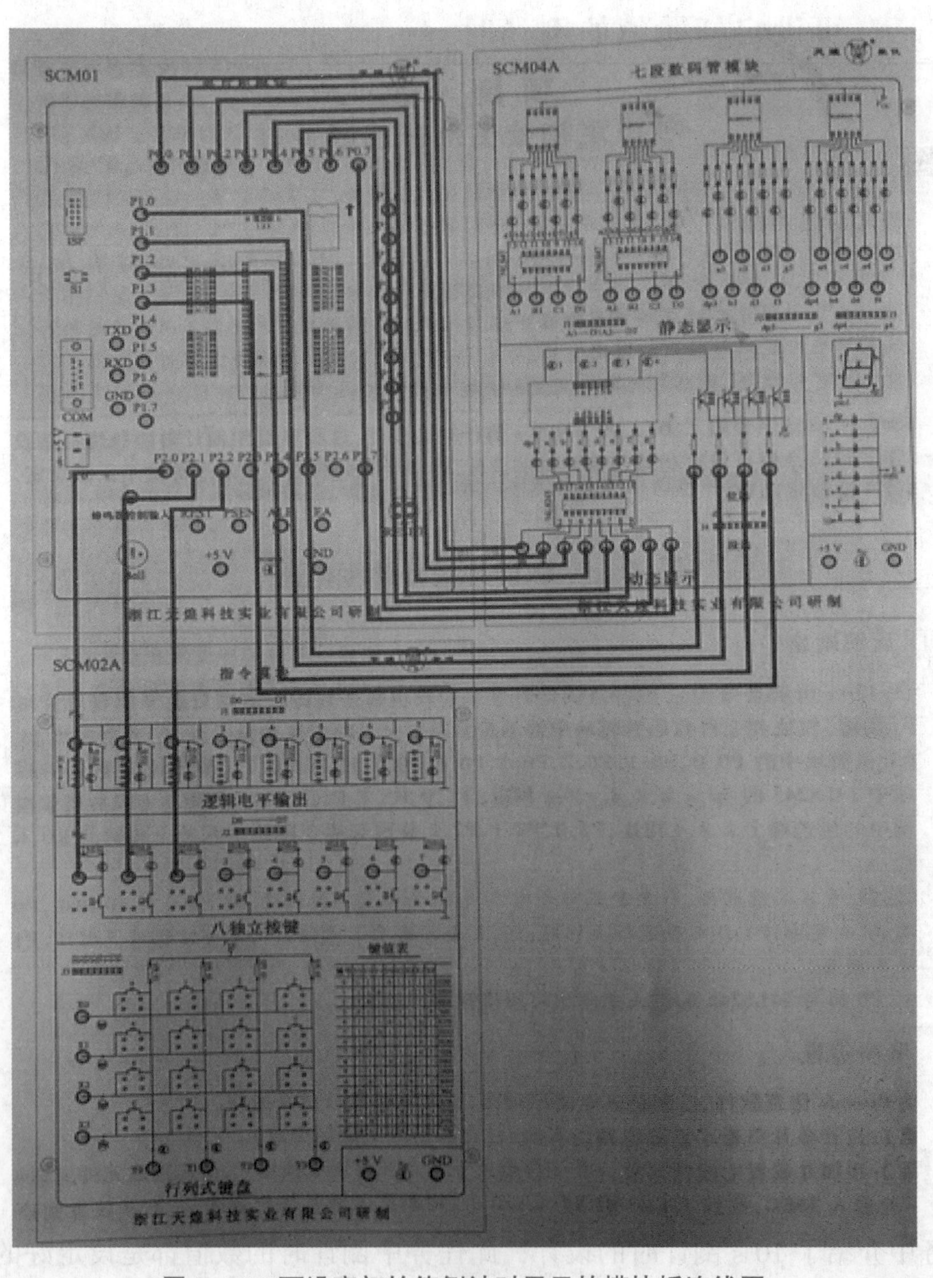

图 3-16　可设定初始值倒计时显示的模块板连线图

注意：千万不能连错，一定要低位与低位相连，高位与高位相连，即 P0.0 与 dp 相连，P0.1 与 a 相连，以此类推；P1.0 与位选端 1 相连，P1.1 与位选端 2 相连，P1.2 与位选端 3 相连，P1.3 与位选端 4 相连。

其中，P0 口与 74LS245 的输入之间也可用排线进行连接。

2. 电路仿真

启动 Proteus 仿真软件，绘制仿真电路原理图，并对电路进行仿真运行。

步骤 1：打开单片机最小系统电路仿真图。

步骤 2：添加并放置七段数码管。在元件模式下单击“元件选取”按钮 P，弹出“选取元件”对话框，在关键字处输入 7SEG，找到“7SEG-MPX4-CA”双击，将其添加到元件列表区，并把其放置到原理图编辑区。

步骤 3：添加并放置三极管。继续单击“元件选取”按钮 P，出现“选取元件”对话框，在关键字处输入 PN4355，找到“PN4355”双击，将其添加到元件列表区，并把其放置到原理图编辑区。添加完七段数码管和三极管的元件列表区如图 3-17 所示。

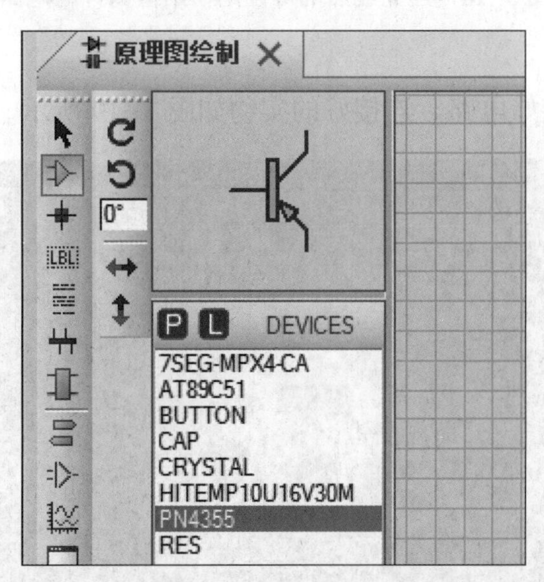

图 3-17　添加完七段数码管和三极管的元件列表区

步骤 4：放置电阻和按键。按要求放置 12 个电阻和 3 个按键到原理图编辑区相应位置。

步骤 5：放置电源、地及连接。选择终端模式，单击“电源 POWER”，把电源放置到电路相应位置；单击“地 GROUND”，把地放置到电路相应位置，并按要求连接好电路。连完线后的可设定初始值倒计时电路如图 3-18 所示。

步骤 6：添加可设定初始值倒计时 .hex 文件。双击单片机元件，弹出“编辑元件”对话框，在“Program File”选项的右侧单击文件夹图标，找到已经编译好的可设定初始值倒计时 .hex 文件，单击“确定”按钮。

步骤 7：仿真运行。单击左下角的“仿真运行”按钮，查看仿真效果。

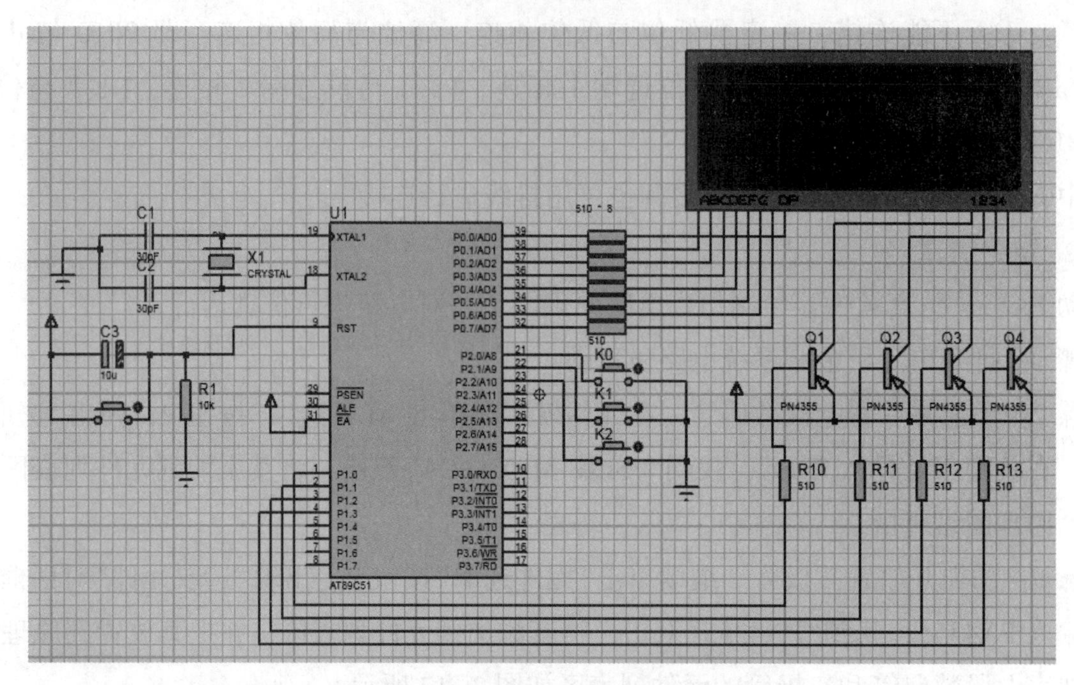

图 3-18　连完线后的可设定初始值倒计时电路

3. 搭接电路

根据模块板连线图搭接好电路。连接好的实物如图 3-19 所示。

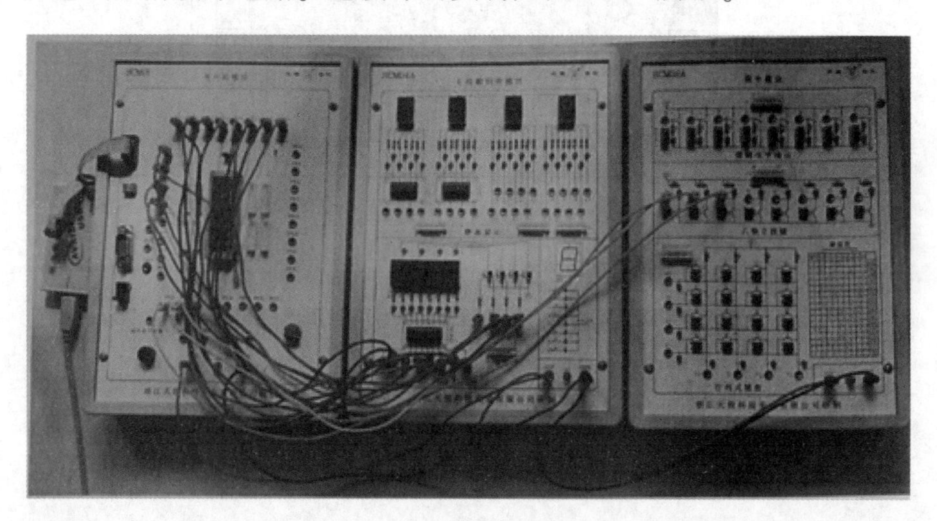

图 3-19　连接好的实物

连接好电路后，切断电源，等待程序的下载，即做好程序下载前的所有硬件准备工作。

三、知识链接

1. 段码与位码的编码程序

段码与位码的编码程序同。

```
uchar code led[ ] ={  0x81, 0xf3, 0x49, 0x61, 0x33,
   0x25, 0x05, 0xf1, 0x01, 0x21 };                    //段码
uchar code ledw[ ] ={ 0xf7, 0xfb, 0xfd, 0xfe };       //位码
```

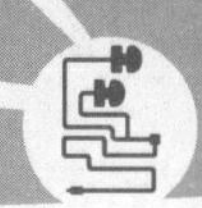

2. 初始值设定按键小程序

初始值设定按键程序段如下：

```
sbit key1 = P2^0;
sbit key2 = P2^1;
sbit key3 = P2^2;
```

即把 K1(P2.0)键作为初始值增大按键，K2(P2.1)键作为初始值减小按键，K3(P2.2)键作为初始值锁定按键。

3. 变量类型的声明与初值设定

```
int ctime, ntime;
uchar b, c;
bit setnum;
ntime = 0;
P2 = 0xff;
```

以上程序段中，声明 ctime、ntime 为有符号整型变量，b、c 为无符号字符型变量，setnum 为位类型变量。变量 ntime 的初值为 0，同时定义单片机 P2 口为高电平 1。

4. 倒计时初始值设定与显示循环程序

```
while (setnum==1)                          //初始值设定循环
{
    if (key1 = = 0)                        //不断地判断 K1 键是否被按下
    {
        delay (200);
        if (key1==0)
        {
            ntime++;                       //K1 键被按下,初始值增加
            if (ntime> 9999)               //判断初始值是否超过 9 999
                ntime=9999;
        }
    }
    if (key2==0)                           //不断地判断 K2 键是否被按下
    {
        delay (200);
        if (key2==0)
        {
            ntime--;                       //K2 键被按下,初始值减小
            if (ntime <0)                  //判断初始值是否小于 0
                ntime=0;
        }
    }
    if (key3==0)                           //不断地判断 K3 键是否被按下
```

```
        {
            delay (200);
            if (key3==0)
            {
                setnum=0;                       //K3 键被按下,跳出初始值设定循环
            }
        }
        utime [0] =ntime% 10;                   //求个位数字
        utime [1] =ntime/10% 10;                //求十位数字
        utime [2] =ntime/100% 10;               //求百位数字
        utime [3] =ntime/1 000;                 //求千位数字
        for (b=0; b <4; b++)                    //数值设定显示
        {
            P0=led [utime [b] ];                //段选
            P1=ledw [b];                        //位选
            delay (10);                         //延时 10 ms
        }
    }
```

以上程序段为倒计时初始值的设定与显示。K1 键为初始值增加键，即按一次 K1 键初始值就加 1；K2 键为初始值减小键，即按一次 K2 键初始值就减 1；K3 键为初始值锁定键，即按一次 K3 键初始值设定就结束，跳出初始值设定循环。另外，数组元素 utime[0]、utime[1]、utime[2]和 utime[3]分别用来存放个位、十位、百位和千位数字，然后利用段选和位选，将设定的初始值利用动态显示的方式显示在 4 位数码管上。

5. 倒计时显示循环程序

```
    for (ctime=ntime; ctime> 0; ctime--)        //倒计时显示循环
    {
        utime [0] = ctime% 10;                  //求个位数字
        utime [1] = ctime/10% 10;               //求十位数字
        utime [2] = ctime/100% 10;              //求百位数字
        utime [3] = ctime/1 000;                //求千位数字
        for (c=0; c <=25; c++)
        {
            for (b=0; b <4; b++)
            {
                P0=led [utime [b] ];            //段选
                P1=ledw [b];                    //位选
                delay (10);                     //延时 10 ms
            }
        }
    }
```

以上程序段的功能是倒计时显示循环，每隔 1 s 倒计时显示 1 组数字，直到显示 0001 为止。

四、程序的编写、编译与下载

1. 程序的编写

步骤 1：在“D：\ 单片机学习+姓名”文件夹下，新建一个名为“Project12_1”的文件夹。

步骤 2：在“Project12_1”文件夹下，新建一个名为“Project12_1”的工程。

步骤 3：在“Project12_1”工程中，新建一个名为“Project12_1. c”的文件。

步骤 4：回到建立工程后的编辑界面“Project12_1. c”下，在当前编辑框中输入如下的 C 语言源程序。

```
#include <reg52.h>
#define uchar unsigned char
uchar code led [ ] ={ 0x81, 0xf3, 0x49, 0x61, 0x33, 0x25,   //段码
0x05, 0xf1, 0x01, 0x211 };
uchar code ledw [ ] ={ 0xf7, 0xfb, 0xfd, 0xfe };            //位码
uchar utime [5];
sbit key1=P2^0;                                             //P2.0 接初始值设置增大按键
sbit key2=P2^1;                                             //P2.1 接初始值设置减小按键
bit key3=P2^2;                                              //P2.2 接初始值锁定键
void delay (uchar x ms) :                                   //延时子函数
void main ( )
{
    int ctime, ntime;
    uchar b, e;
    bit setnum;
    ntime = 0;
    P2=0xff;
    while (1)                                               //给 P2 口赋高电平
    {
        setnum=1;                                           //初始值设定控制变量
        ntime=0;
        while (setnum==1)                                   //初始值设定循环
        {
            if (key1==0)                                    //不断地判断 K1 键是否被按下
            {
                delay (200);
                if (key1= =0)
                {
                    ntime++;                                //K1 键被按下,初始值增加
                    if (ntime> 9999)                        //判断初始值是否超过 9 999
                        ntime=9999;
```

```
            }
        }
        if (key2==0)                                  //不断地判断 K2 键是否被按下
        {
            delay (200);
            if (key2= =0)
            {
                ntime --;                             //K2 键被按下,初始值减小
                if (ntime <0)                         //判断初始值是否小于 0
                    ntime=0;
            }
        }
        if (key3==0)                                  //不断地判断 K3 键是否被按下
        {
            delay (200);
            if (key3= =0)
            {
                setnum=0;                             //K3 键被按下,跳出初始值设定循环
            }
        }
        utime [0] =ntime% 10;                         //求个位数字
        utime [1] =ntime/10% 10;                      //求十位数字
        utime [2] =ntime/100% 10;                     //求百位数字
        utime [3] =ntime/1 000;                       //求千位数字
        for (b=0; b <4; b++)                          //数值设定显示
        {
            P0=led [utime [b] ];                      //段选
            P1=ledw [b];                              //位选
            delay (10);                               //延时 10 ms
        }
    }
    for (ctime=ntime;ctime> 0;ctime--)                //倒计时显示循环
    {
        utime [0] =ctime% 10;                         //求个位数字
        utime [1] =ctime/10% 10;                      //求十位数字
        utime [2] =ctime/100% 10;                     //求百位数字
        utime [3] =ctime/1 000;                       //求千位数字
        for (c=0; c <=25; c++)
        {
            for (b=0; b <4; b++)
            {
                P0=led [utime [b] ];                  //段选
                P1=ledw [b];                          //位选
                delay (10);                           //延时 10 ms
```

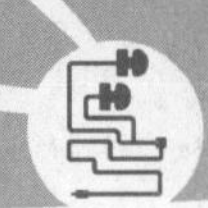


```
                }
            }
        }
    }
}
void delay (uchar x ms)                              //子函数体
{
    uchar i, j;
    for (i=0; i <xms; i+ +)                          //延时 x ms
    for (j=0; j <115; j++);
}
```

步骤 5：输入完程序后，将程序存盘。

小提示：在阅读程序的过程中，一定要弄清楚 setmum、ntime、ctime、b、c 等变量的功能和作用。

2. 程序的编译与下载

程序的编译与下载操作步骤具体可参照前面任务的相关内容。

接通单片机电源，按下 K0 键可以增大倒计时的初始设定值，按下 K1 键可以减小倒计时的初始设定值，按下 K2 键可锁定倒计时初始值的设定。

第二章　技能训练

思维导图

一、简述题

(1)对 if 选择语句多层嵌套程序的分析应注意什么?

(2)利用 C51 自带库函数与逻辑运算实现流水灯有什么不同?

(3)共阳极数码管与共阴极数码管的主要区别是什么?

(4)七段数码管与译码器配对使用时应注意什么?

(5)如何用数字万用表检测数码管的引脚排列?

(6)前面任务三程序中的变量"setnum、ntime、ctime、b、c"分别有什么功能?起什么作用?

(7)若把前面任务三程序中的语句"uchar code ledw[ ] ={ 0xf 7, 0xfb, 0xfd, 0xfe };"改成"uchar code ledw[ ]={ 0xfe, 0xfd, 0xfb, 0xf 7 };",则其显示效果有什么不同?

二、操作题

1. 任务要求 1

试编写一个 C 语言程序,具体要求如下:当按键 K1(连接在单片机 P0.0 脚)被按下时,四个发光二极管分别以 2 s、3 s、4 s、5 s 的时间间隔亮灭轮流闪烁;当按键 KEY1 再被按下时,发光二极管全部熄灭。

操作步骤如下:

1)Keil 工程的创建与存盘

(1)在"D:\ 单片机学习+姓名"文件夹下,新建一个名为"Project8_2"的文件夹。

(2)在"Project8_2"文件夹下,新建一个名为"Project8_2"的工程。

(3)在"Project8_2"工程中,新建一个名为"Project8_2. c"的文件。

2)程序的编写、模拟调试、编译与下载

在上述建立的"Project8_2. c"文件中,编写程序。

进入 Keil 仿真模拟调试模式,对以上所编程序进行单步执行的调试操作,并对涉及的 I/O 口与变量状态进行观察。

程序的编译与下载操作步骤具体可参照前面任务中的相关内容。

3)对电路进行仿真运行

使用 Proteus 仿真软件绘制仿真电路图,并对电路进行仿真运行。

2. 任务要求 2

试编写一个 C 语言程序,具体要求如下:设计一个循环显示的 10 s 倒计时器,即数码管循环显示数字 9→0。

操作步骤如下:

1)Keil 工程的创建与存盘

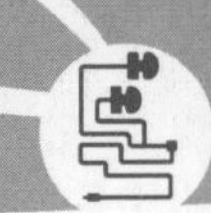

(1)在“D：\ 单片机学习+姓名”文件夹下，新建一个名为“Project9_2”的文件夹。

(2)在“Project9_2”文件夹下，新建一个名为“Project9_2”的工程。

(3)在“Project9_2”工程中，新建一个名为“Project9_2. c”的文件。

2)程序的编写、模拟调试、编译与下载

在上述建立的“Project9_2. c”文件中编写程序。

进入 Keil 仿真模拟调试模式，对以上所编程序进行单步执行的调试操作，并对涉及的 I/O 口与变量状态进行观察。

程序的编译与下载相关操作具体可参照前面任务中的相关内容。

3)对电路进行仿真运行

使用 Proteus 仿真软件绘制仿真电路图，并对电路进行仿真运行。

3. 任务要求 2

试编写一个 C 语言程序，具体要求如下：设计一个设定范围在 20~50 的可设定初始值倒计时的显示。

操作步骤如下：

1)Keil 工程的创建与存盘

(1)在“D：\ 单片机学习+姓名”文件夹下，新建一个名为“Project12_2”的文件夹。

(2)在“Project12_2”文件夹下，新建一个名为“Project12_2”的工程。

(3)在“Project12_2”工程中，新建一个名为“Project12_2. c”的文件。

2)程序的编写、模拟调试、编译与下载

在上述建立的“Project12_2. c”文件中，试编写 C 语言程序。

进入 Keil 仿真模拟调试模式，对以上所编程序进行设置断点的调试操作，并对涉及的 I/O 口与变量状态进行观察。

程序的编译与下载操作步骤具体可参照前面任务中相关内容。

3)对电路进行仿真运行

使用 Proteus 仿真软件绘制仿真电路图，并对电路进行仿真运行。

4. 拓展练习

试利用 C51 自带库函数编写一个 C 语言程序，让与单片机 P1 口连接的 8 个发光二极管通过右移方式以 2 s 的时间间隔轮流闪烁。

三、学习评价与总结

1. 学习评价(表 3-3)

表 3-3 学习评价

评价项目	项目评价与内容	分值	自我评价	小组评价	教师评价	得分
理论知识	Proteus 各项操作是否熟悉	10				
	数码管显示是否掌握	10				
	单片机按键检测是否掌握	10				
操作技能	原理图能否熟练画出	10				
	元件能否迅速选择与测试	10				
	程序是否编写正确	10				
	程序能否调试、编译、下载	10				
学习态度	出勤情况及纪律	5				
	团队协作精神	10				
安全文明生产	工具的正确使用及维护	10				
	实训场地的整理和卫生保持	5				
综合评价		100				

2. 学习总结(表 3-4)

表 3-4 学习总结

成功之处	
不足之处	
如何改进	

模块四

数码管和键盘的控制(高级篇)

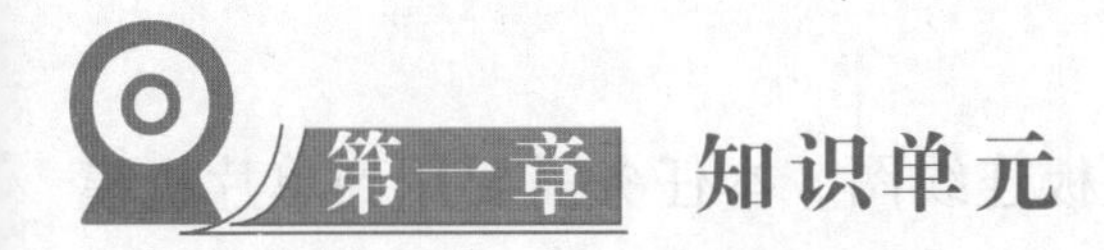

第一章 知识单元

任务一 用矩阵键盘设定初始值的倒计时

思维导图

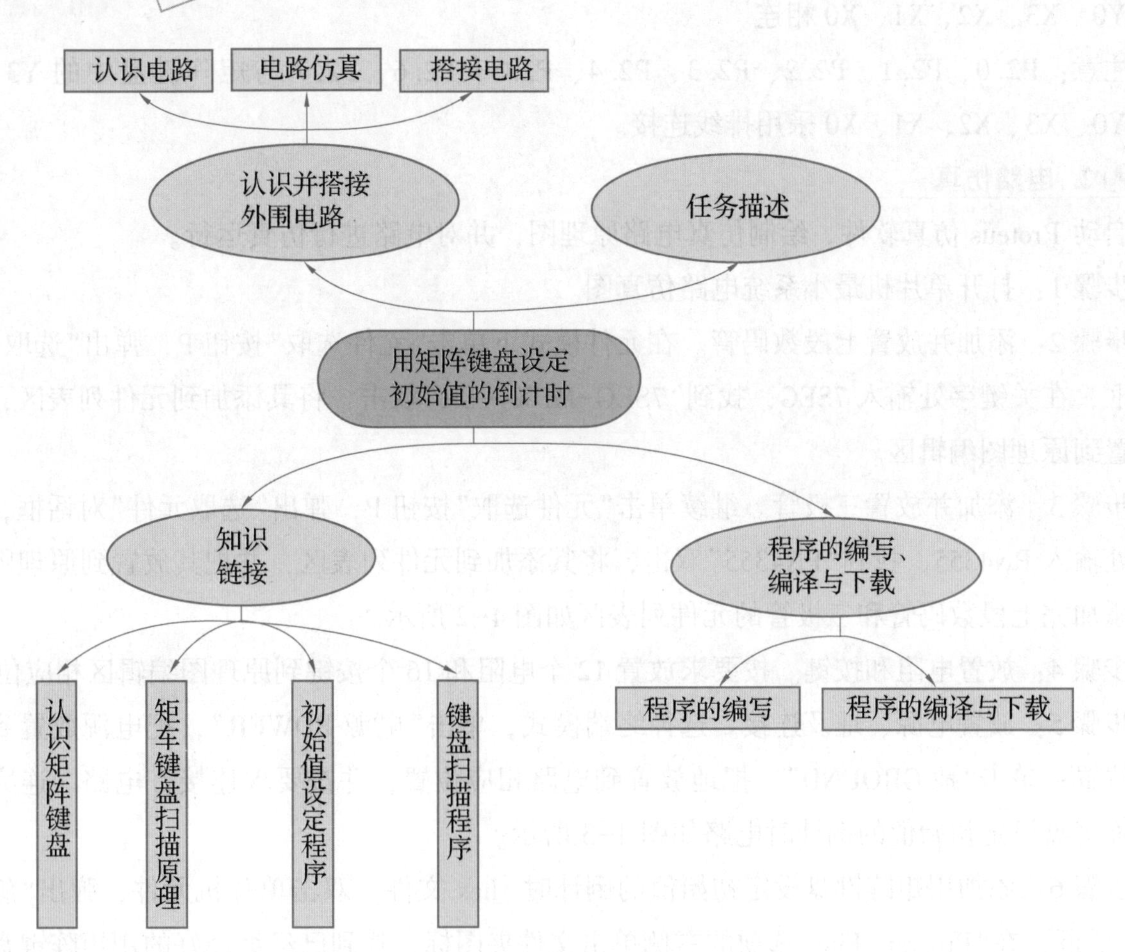

一、任务描述

前面已经介绍过可设定初始值的倒计时器的设计，但是倒计时初始值的设定只使用了3个按键，只能通过一个连续增加按键来增大初始值，通过一个连续减小按键来减小初始值，通过一个确定按键来进行倒计时初始值的设定，相对比较死板，操作起来也非常麻烦。本项目中将使用矩阵键盘对倒计时的初始值进行设定，矩阵键盘的操作相对比较灵活。

二、认识并搭接外围电路

1. 认识电路

图4-1所示为用矩阵键盘设定初始值的倒计时模块板连线图。本任务需要用到单片机模块、指令(按键)模块中的矩阵键盘(也称行列式键盘)和七段数码管模块中的动态显示部分。除电源和地线外，还需要连接20根线，即单片机模块中的P0.0、P0.1、P0.2、P0.3、P0.4、P0.5、P0.6、P0.7分别与七段数码管模块动态显示中74LS245的dp、a、b、c、d、e、f、g相连；P1.0、P1.1、P1.2、P1.3分别与七段数码管模块动态显示中的位选端1、2、3、4相连；P2.0、P2.1、P2.2、P2.3、P2.4、P2.5、P2.6、P2.7分别与矩阵键盘中的Y3、Y2、Y1、Y0、X3、X2、X1、X0相连。

注意：P2.0、P2.1、P2.2、P2.3、P2.4、P2.5、P2.6、P2.7与矩阵键盘中的Y3、Y2、Y1、Y0、X3、X2、X1、X0采用排线连接。

2. 电路仿真

启动Proteus仿真软件，绘制仿真电路原理图，并对电路进行仿真运行。

步骤1：打开单片机最小系统电路仿真图。

步骤2：添加并放置七段数码管。在元件模式下单击“元件选取”按钮P，弹出“选取元件”对话框，在关键字处输入7SEG，找到“7SEG-MPX4-CA”双击，将其添加到元件列表区，并把其放置到原理图编辑区。

步骤3：添加并放置三极管。继续单击“元件选取”按钮P，弹出“选取元件”对话框，在关键字处输入PN4355，找到“PN4355”双击，将其添加到元件列表区，并把其放置到原理图编辑区。添加完七段数码管和三极管的元件列表区如图4-2所示。

步骤4：放置电阻和按键。按要求放置12个电阻和16个按键到原理图编辑区相应位置。

步骤5：放置电源、地及连接。选择终端模式，单击“电源POWER”，把电源放置到电路相应位置；单击“地GROUND”，把地放置到电路相应位置，并按要求连接好电路。连完线的用矩阵键盘设定初始值的倒计时电路如图4-3所示。

步骤6：添加用矩阵键盘设定初始值的倒计时.hex文件。双击单片机元件，弹出“编辑元件”对话框，在“Program File”选项的右侧单击文件夹图标，找到已经编译好的用矩阵键盘设定初始值的倒计时.hex文件，单击“确定”按钮。

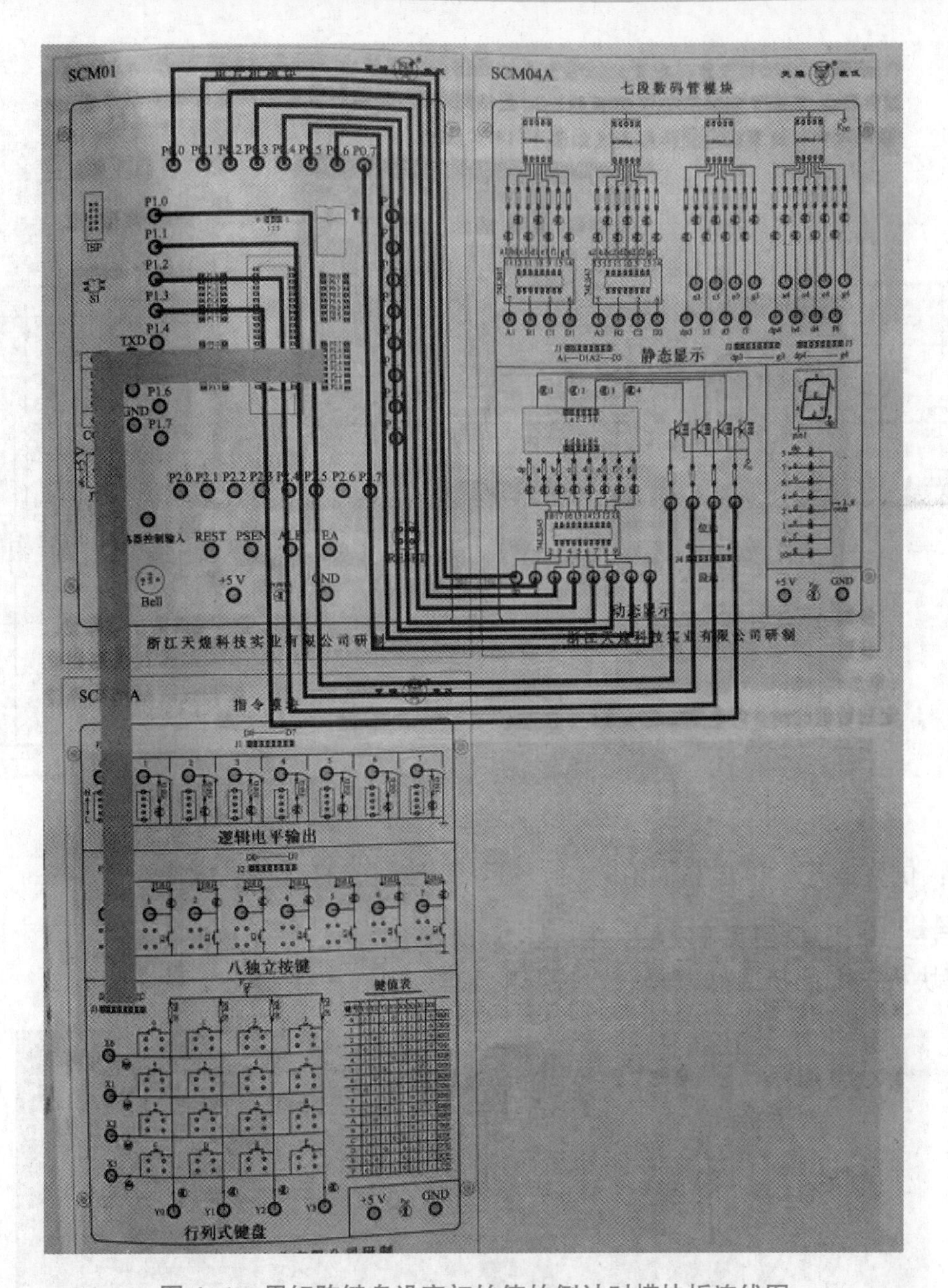

图 4-1　用矩阵键盘设定初始值的倒计时模块板连线图

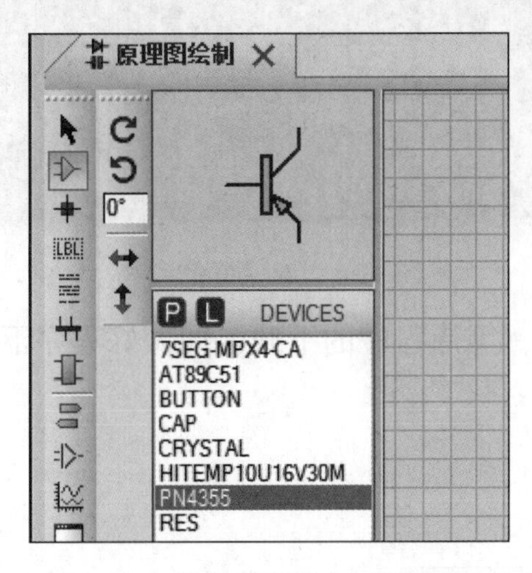

图 4-2　添加完七段数码管和三极管的元件列表区

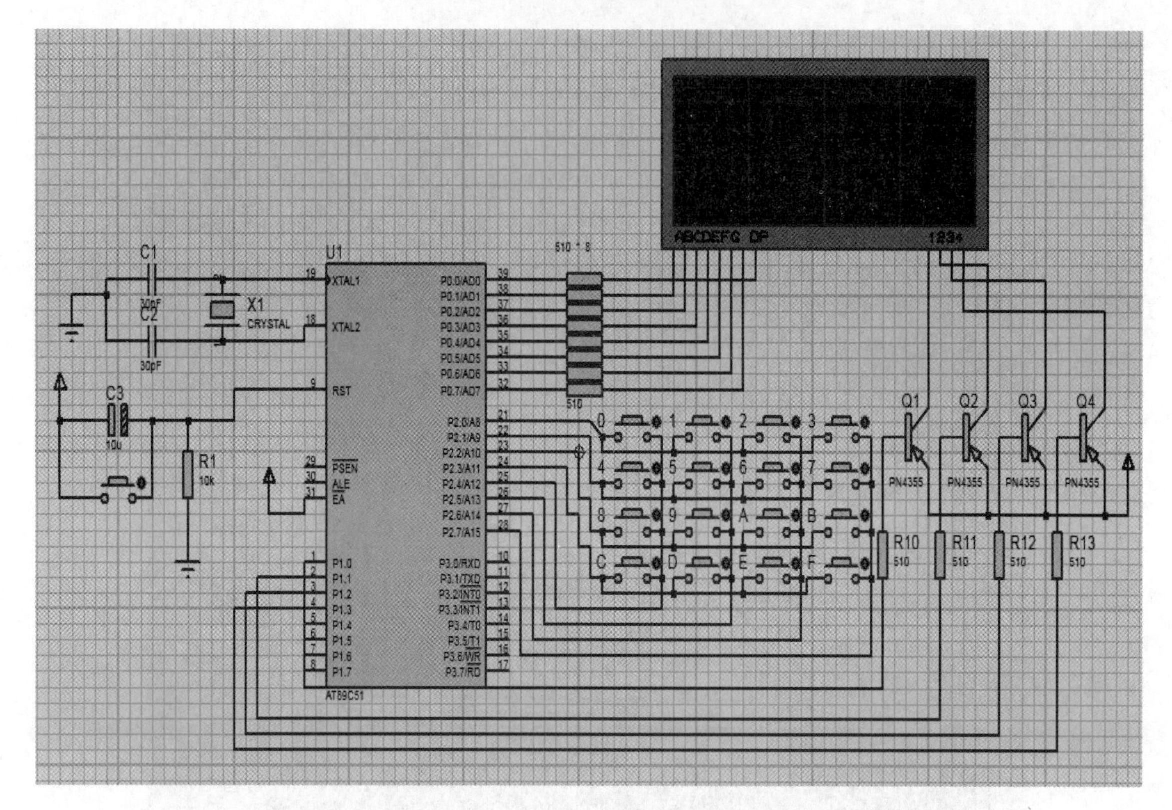

图 4-3　连完线的用矩阵键盘设定初始值的倒计时电路

步骤 7：仿真运行。单击左下角的“仿真运行”按钮，查看仿真效果。

3. 搭接电路

根据模块板连线图搭接好电路。连接好的实物如图 4-4 所示。

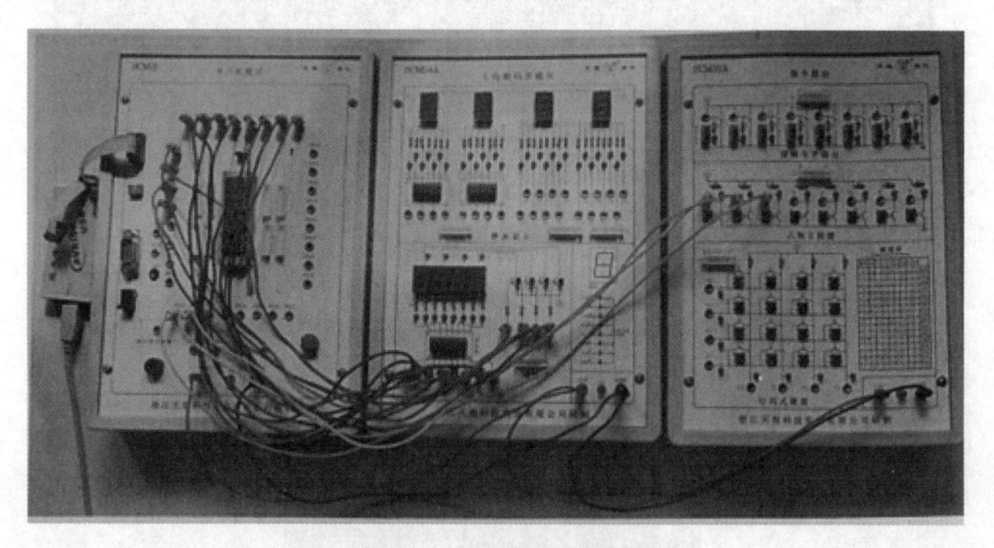

图 4-4　连接好的实物

连接好电路后，切断电源，等待程序的下载，即做好程序下载前的所有硬件准备工作。

三、知识链接

1. 认识矩阵键盘(图 4-5)

独立按键与单片机连接时，每一个按键都需要占用单片机的一个 I/O 口，某单片机系统需

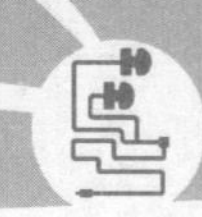

要较多按键，如果用独立按键便会占用过多的 I/O 口资源。但单片机系统中 I/O 口资源往往比较宝贵，当用到多个按键时，为了节省 I/O 口资源，可以引入矩阵键盘。

图 4-5 所示为 4×4 矩阵键盘内部结构图。将 16 个按键排成 4 行 4 列，分别将每一行的每个键盘的一端连接在一起构成一根行线，分别将每一列的每个按键的另一端连接在一起构成一根列线，这样便一共有 4 行 4 列共 8 根线，将这 8 根线连接到单片机的 8 个 I/O 口上，通过程序扫描键盘就可检测 16 个按键。用这种方法也可实现 3 行 3 列 9 个按键、5 行 5 列 25 个按键、6 行 6 列 36 个按键等。

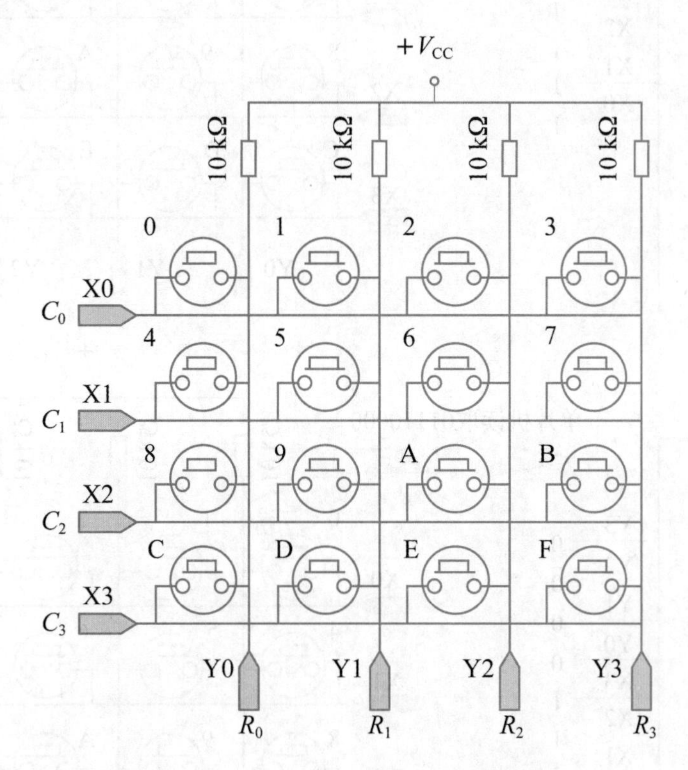

图 4-5　4×4 矩阵键盘内部结构图

2. 矩阵键盘扫描原理

1) 确定哪一行被按下

(1) 将扫描信号送至 X0~X3，即将单片机 P2 口的输出设置为 11110000(由高到低分别赋值给 X0、X1、X2、X3、Y0、Y1、Y2、Y3)，本项目中可以写成"P2=0xf0;"语句。

(2) 然后把反馈信号与扫描信号(11110000)进行比较。如果没有任何按键被按下，那么读回的值也应该是 11110000。如果这个时间有一个按键被按下，则读回的值改变。例如，若按键 0 被按下，那么这个时候 X0 导线与 Y0 导线连通。X0 上的高电平被 Y0 上的低电平拉低，所以这时候单片机读回的数据应该是 01110000。这样就知道了被按下的按键发生在第一行。本项目中可以通过"temp=P2；temp=temp&0xf0；f (temp==0x70)"等语句来实现反馈信号与扫描信号的比较，从而确定第一行已被按下。其示意图如图 4-6 所示。

2) 确定哪一列被按下(图 4-7)

(1) 在确定某一被按下的情况下，将扫描信号送至 Y0~Y3，即将 P2 口的输出设置为 00001111(由高到低分别赋值给 X0、X1、X2、X3、Y0、Y1、Y2、Y3)，可以写成"P2=0x0f"语句。

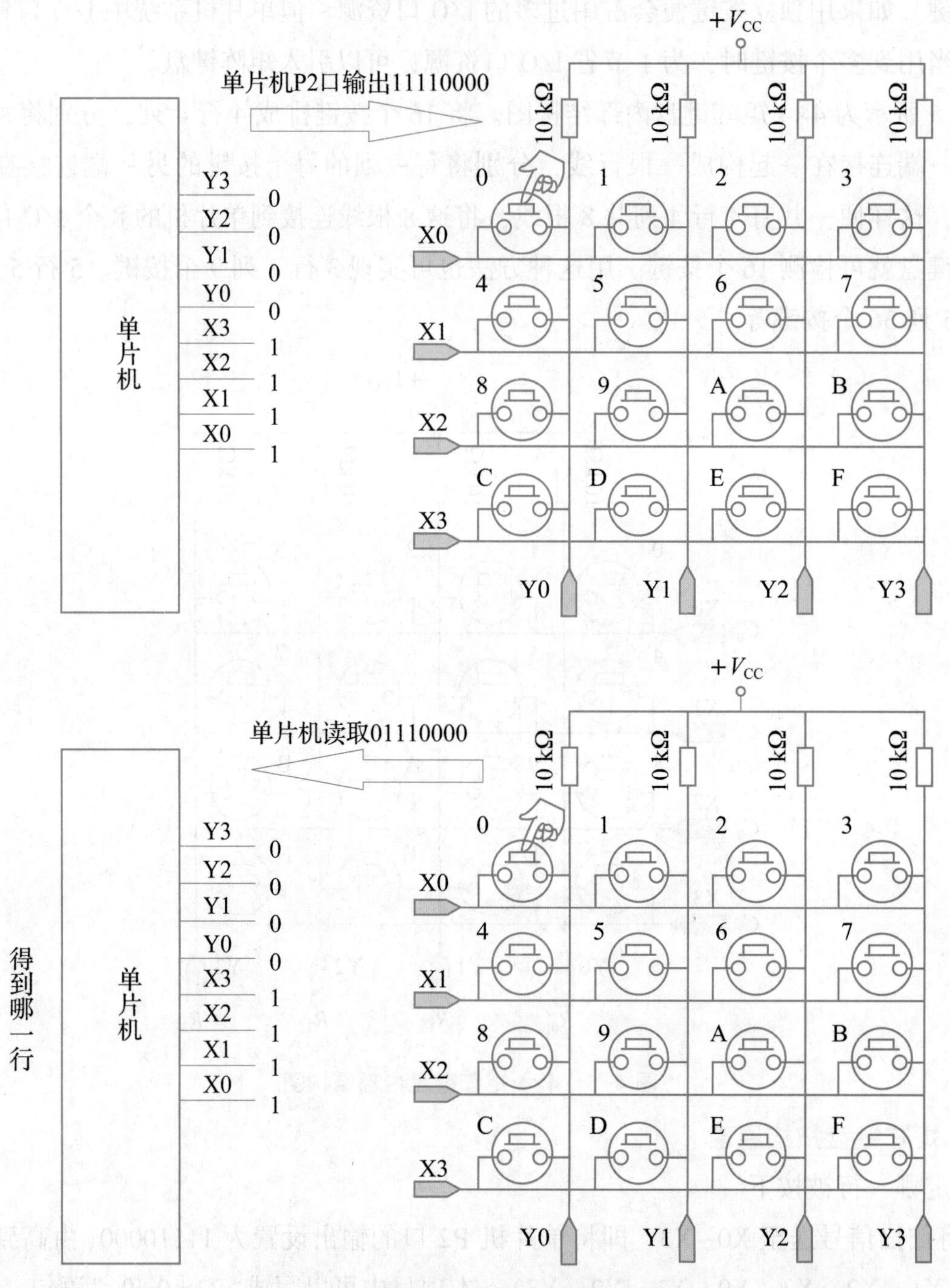

图 4-6　确定哪一行被按下的示意图

(2)然后把反馈信号与扫描信号(00001111)进行比较。如果没有任何按键被按下，那么读回的值也应该是 00001111。如果这个时间有一个按键被按下，则读回的值改变。例如，若按键 0 被按下，这时候单片机读回的数据应该是 00000111，这样就知道了被按下的按键发生在第一列。可以通过“temp = P2；temp = temp&0x0f；if（temp = = 0x07）”等语句来实现反馈信号与扫描信号的比较，从而确定第一列已被按下。其示意图如图 4-7 所示。

通过以上分析，最终确定被按下的按键发生在第一行第一列，即被按下的是按键 0。同理可以确定其他按键被按下的情况。

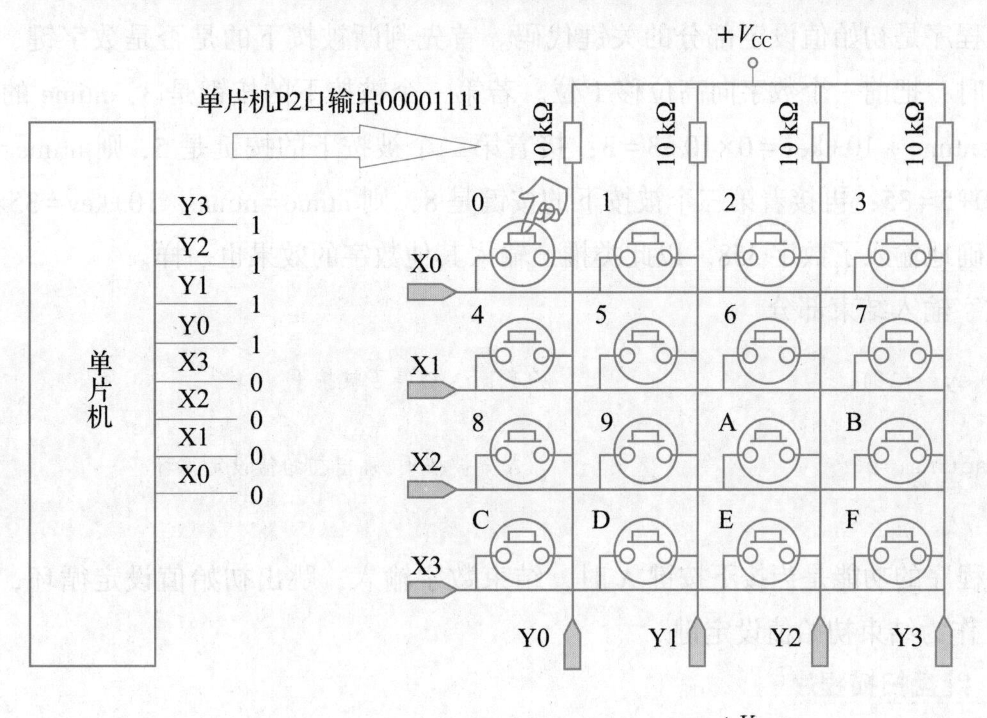

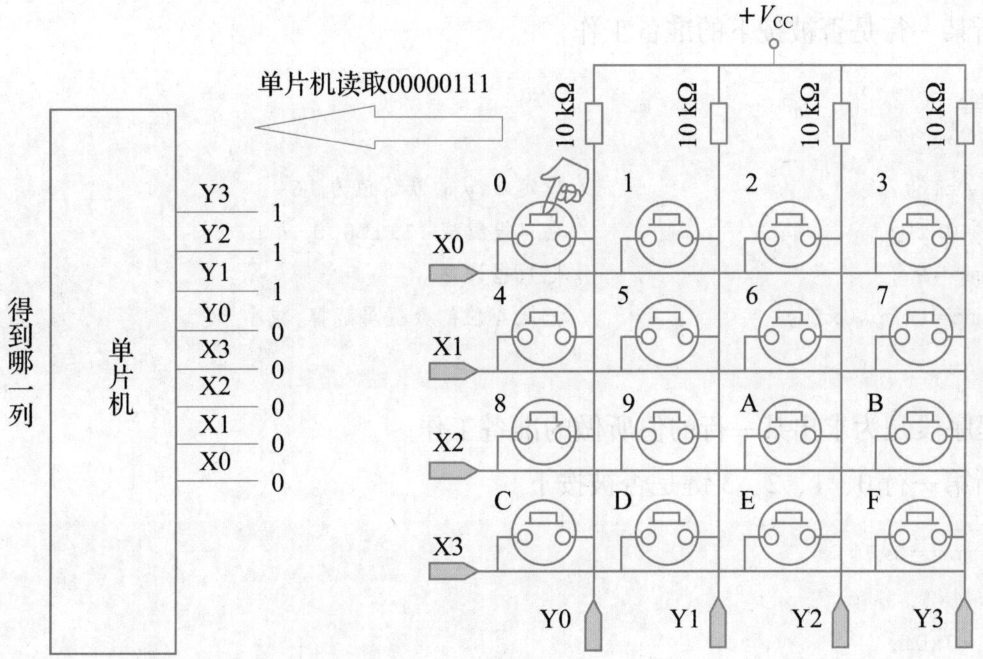

图 4-7　确定哪一列被按下的示意图

3. 初始值设定程序

先通过 scankey( ) 函数得出通过按键设定的初始值，初始值放在全局变量 key 里面。

1) 输入数字部分

```
if (key <10)                        //判断被按下的是否是数字键
{
    ntime=ntime * 10+key;           //每按下一个数字时,把前一个数字向高位移 1 位
    if (ntime> 9999)                //判断初始值是否超过 9 999
    ntime=0;
}
```

以上程序是初始值设定部分的关键代码。首先判断被按下的是否是数字键，然后每按下一个数字时，把前一个数字向高位移1位。若第一个被按下的按键是3，ntime的初始值为0，则ntime=ntime * 10+key=0×10+3=3；接着第二个被按下的按键是5，则ntime=ntime * 10+key=3×10+5=35；再接着第三个被按下的按键是8，则ntime=ntime * 10+key=35×10+8=358，这样就准确地输入了数字358。以此类推，输入其他数字的效果也一样。

2)数字输入结束部分

```
if (key==10)                          //判断A键是否被按下
{
    setnum=0;                         //A键被按下,跳出初始值设定循环
}
```

以上程序的功能是当按下按键A时，结束数字输入，跳出初始值设定循环，即本程序中把按键A作为结束初始值设定键。

4. 键盘扫描程序

1)判断某一行是否被按下的准备工作

```
scankey ()
{
    key=16;                          //设定key的默认值为16
    P2=0xf0;                         //端口设置成11110000
    temp=P2;                         //把数据读回
    temp=temp&0xf0;                  //把低4位的数据屏蔽掉,减小干扰
}
```

以上程序段是为求出某一行的值所做的准备工作。

2)判断第一行0、1、2、3键是否被按下

```
if (temp==0x70)
{
    P2=0x0f;
    temp=P2;
    temp=temp&0x0f;
    if (temp==0x07)
    {
        key=0;
    }
    if (temp==0x0b)
    {
        key=1;
    }
    if (temp==0x0d)
```

```
        {
            key=2;
        }
        if (temp==0x0e)
        {
            key=3;
        }
    }
```

以上“if(temp==0x70)”语句段的功能是：在确定第一行即 X0 行被按下的情况下，判断 0、1、2、3 键是否被按下。其扫描过程如下：

首先，为判断某一列是否被按下做好准备工作。即重新给 P2 口赋值，“P2=0x0f;”把端口设置成 00001111，接着语句“temp=P2; temp=temp&0x0f;”用来确保高 4 位的数据被屏蔽掉，减小干扰。

然后再逐列进行判断。因为此时 X0、X1、X2、X3 的值被赋为 0000，Y0、Y1、Y2、Y3 的值被赋为 1111。

若 if(temp==0x07)成立，则说明 Y0、Y1、Y2、Y3 的值为 0111，表示 0 键被按下；

若 if(temp==0x0b)成立，则说明 Y0、Y1、Y2、Y3 的值为 1011，表示 1 键被按下；

若 if(temp==0x0d)成立，则说明 Y0、Y1、Y2、Y3 的值为 1101，表示 2 键被按下；

若 if(temp==0x0e)成立，则说明 Y0、Y1、Y2、Y3 的值为 1110，表示 3 键被按下。

3)判断第二行 4、5、6、7 键是否被按下

该程序段除“if(temp==0xb0)”语句不同外，其余语句与判断第一行 0、1、2、3 键是否被按下时完全一样。语句“if(temp==0xb0)”的功能是确保第二行被按下。

判断第三行中的 8、9、A、B 键和第四行中的 C、D、E、F 键是否被按下的程序同上，在此不再一一分析。

4)等待按键被释放程序

在判断完按键序号后，还需要等待按键被释放，检测释放语句如下：

```
while (temp! =0x0f)
{
    temp=P2;
    temp=temp&0x0f;
}
```

以上程序段的功能是：不断地读取 P2 口数据，然后和 0x0f 进行与运算，只要结果不等于 0x0f，则说明按键没有被释放；直到按键被释放，程序才退出该 while 语句。

四、程序的编写、编译与下载

1. 程序的编写

步骤 1：在“D：\ 单片机学习+姓名”文件夹下，新建一个名为“Project14_1”的文件夹，然后在“Project14_1”文件夹下，新建一个名为“Project14_1”的工程，再在“Project14_1”工程中，新建一个名为“Project14_1. c”的文件。

步骤 2：回到建立工程后的编辑界面“Project14_1. c”下，在当前编辑框中输入如下的 C 语言源程序。

```
#include <reg52. h>
#define uchar unsigned char
uchar code led [ ] ={0x81, 0xf3, 0x49, 0x61, 0x33, 0x25,
0x05, 0xf1, 0x01, 0x21 };                                  //段码
uchar code ledw [ ] ={ 0xf7, 0xfb, 0xfd, 0xfe };           //位码
uchar utime [5];
uchar key, temp;
void scankey ( );
void delay (uchar x ms);                                   //延时子函数
void main ( )
{
    int ctime,ntime;
    uchar b, c;
    bit setnum;
    ntime=0;
    P2=0xff;                                               //给 P2 口赋高电平
    while (1)
    {
        setnum=1;                                          //初始值设定控制变量
        ntime=0;
        while (setnum==1)                                  //初始值设定循环
        {
            scankey ( );
            if (key <10)                                   //判断按下的是否为数字键
            {
                ntime=ntime* 10+key;
                if (ntime> 9999)                           //判断初始值是否超过 9 999
                ntime=0;
            }
            if (key==10)                                   //判断 A 键是否被按下
            {
                setnum=0;                                  //A 键被按下,跳出初始值设定循环
```

```
        }
        utime [0] =ntime% 10;                          //求个位数字
        utime [1] =ntime/10% 10;                       //求十位数字
        utime [2] =ntime/100% 10;                      //求百位数字
        utime [3] =ntime/1 000;                        //求千位数字
        for (b=0;b <=3;b++)                            //数值设定显示
        {
            P0=led [utime [b] ];                       //段选
            P1=ledw [b];                               //位选
            delay (10);                                //延时 10 ms
        }
    }
    for (ctime=ntime;ctime> =0;ctime--)                //倒计时显示循环
    utime [0] =ctime% 10;                              //求个位数字
    utime [1] =ctime/10% 10;                           //求十位数字
    utime [2] =ctime/100% 10;                          //求百位数字
    utime [3] =ctime/1 000;                            //求千位数字
    for (c=0; c <=25; c++)
    {
        for (b=0; b <=3; b++)
        {
            P0=led [utime [b] ];                       //段选
            P1=ledw [b];                               //位选
            delay (10);                                //延时 10 ms
          }
        }
    }
}
}
void delay (uchar x ms)                                //子函数体
{
    uchar i,j;
    for (i=0;i <x ms;i++)                              //延时 x ms
    for (j=0;j <115;j++);
}
void scankey ( )
{
    key=16;                                            //设定默认值 16
    P2=0xf0;
    temp=P2;
    temp=temp&0xf0;
    if (temp==0x70)
    {
```

```
        P2=0x0f;
        temp=P2;
        temp=temp&0x0f;
        if (temp==0x07)
        {
            key=0;
        }
        if (temp==0x0b)
        {
            key=1;
        }
        if (temp==0x0d)
        {
            key=2;
        }
        if (temp==0x0e)
        {
            key=3;
        }
        while (temp! =0x0f)
        {
            temp=P2;
            temp=temp&0x0f;
        }
    }
    if (temp==0xb0)
    {
        P2=0x0f;
        temp=P2;
        temp=temp&0x0f;
        if (temp==0x07)
        {
            key=4;
        }
        if (temp==0x0b)
        {
            key=5;
        }
        if (temp==0x0d)
        {
            key=6;
        }
        if (temp==0x0e)
```

```
        {
            key=7;
        }
        while (temp! =0x0f)
        {
            temp=P2;
        temp=temp&0x0f;
    }
}
if (temp==0xd0)
{
    P2=0x0f;
    temp=P2;
    temp=temp&0x0f;
    if (temp==0x07)
    {
        key=8;
    }
    if (temp==0x0b)
    {
        key=9;
    }
    if (temp==0x0d)
    {
        key=10;
    }
    if (temp==0x0e)
    {
        key=11;
    }
    while (temp! =0x0f)
    {
        temp=P2;
        temp=temp&0x0f;
    }
}
if (temp==0xe0)
{
    P2=0x0f;
    temp=P2;
    temp=temp&0x0f;
    if (temp==0x07)
```

```
    {
        key=12;
    }
    if (temp==0x0b)
    {
        key=13;
    }
    if (temp==0x0d)
    {
        key=14;
    }
    if (temp==0x0e)
    {
        key=15;
    }
    while (temp! =0x0f)
    {
        temp=P2;
        temp=temp&0x0f;
    }
  }
}
```

步骤 3：输入完程序后，将程序存盘。

2. 程序的编译与下载

程序的编译与下载具体操作过程可参照前面的相关任务。

接通电源，通过矩阵键盘输入小于 9 999 的数字，然后按 A 键确定，这样就结束倒计时初始值的设定。接着单片机控制 4 位数码管开始进行倒计时显示，直到显示 0000 为止。接着又可以开始新一轮倒计时初始值的设定。

任务二　99 s 精确倒计时

思维导图

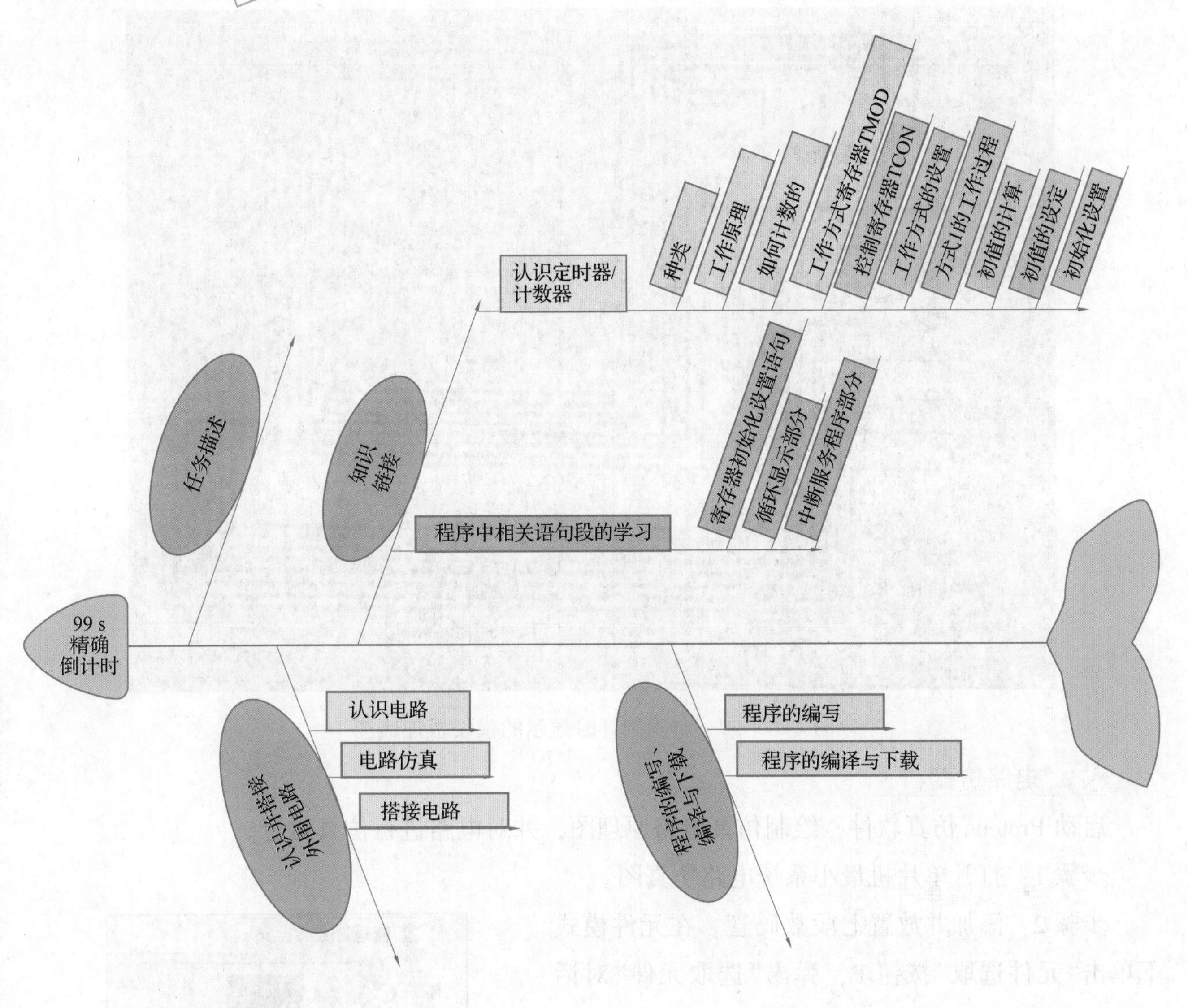

一、任务描述

前面倒计时的设计中，使用了 for 循环延时来进行时间(如秒计时)的确定。其实使用这种方法计算时间既不精确也不方便。本任务将介绍使用定时器中断实现精确倒计时的设计。

二、认识并搭接外围电路

1. 认识电路

图 4-8 所示为利用编码方法设计 99 s 精确倒计时显示的模块板连线图。本任务需要用到单片机模块和七段数码管模块中的静态显示部分。除电源和地线外，还需要连接 16 根线，即单片机模块中的 P0.0、P0.1、P0.2、P0.3、P0.4、P0.5、P0.6、P0.7 分别与七段数码管模

块中的 dp3、a3、b3、c3、d3、e3、f3、g3 相连；P1.0、P1.1、P1.2、P1.3、P1.4、P1.5、P1.6、P1.7 分别与七段数码管模块中的 dp4、a4、b4、c4、d4、c4、f4、g4 相连。

注意：千万不能连错，一定要低位与低位相连，高位与高位相连，即 P0.0 与 dp3 相连，P0.7 与 g3 相连；P1.0 与 dp4 相连，P1.7 与 g4 相连。

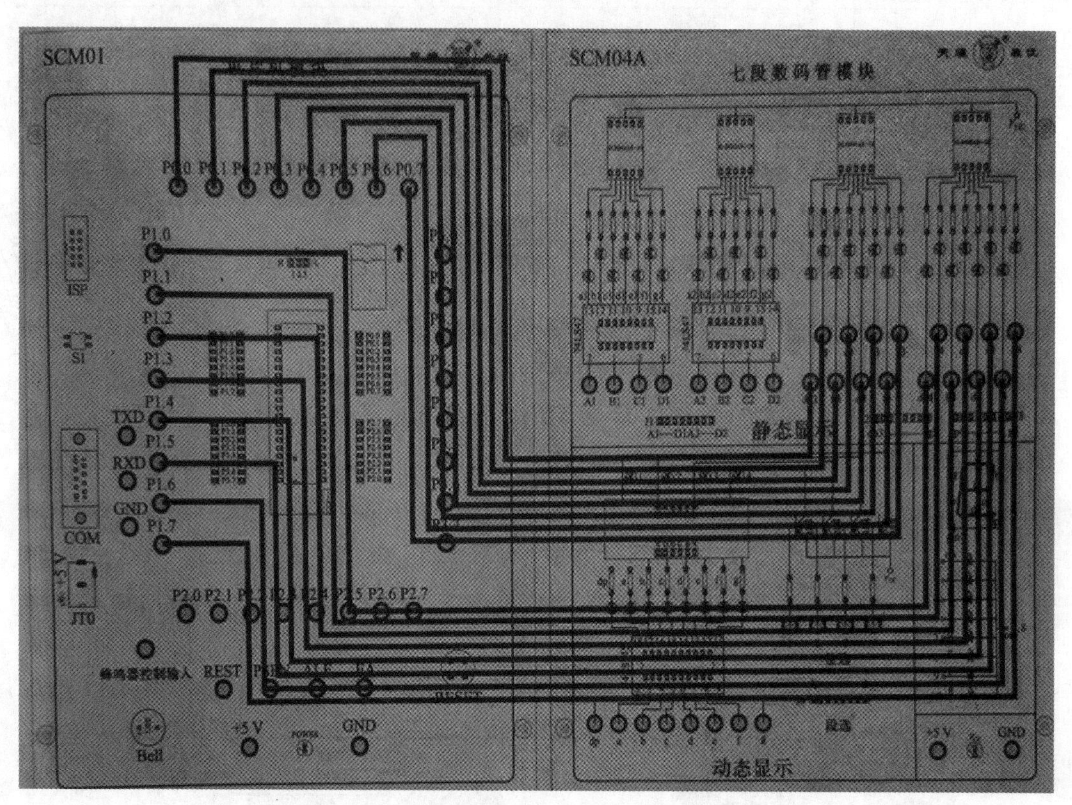

图 4-8　99 s 精确倒计时显示的模块板连线图

2. 电路仿真

启动 Proteus 仿真软件，绘制仿真电路原理图，并对电路进行仿真运行。

步骤 1：打开单片机最小系统电路仿真图。

步骤 2：添加并放置七段数码管。在元件模式下单击“元件选取”按钮 P，弹出“选取元件”对话框，在关键字处输入 7SEG，找到“7SEG-MPX1-CA”双击，将其添加到元件列表区，并把其放置到原理图编辑区。添加完七段数码管的元件列表区如图 4-9 所示。

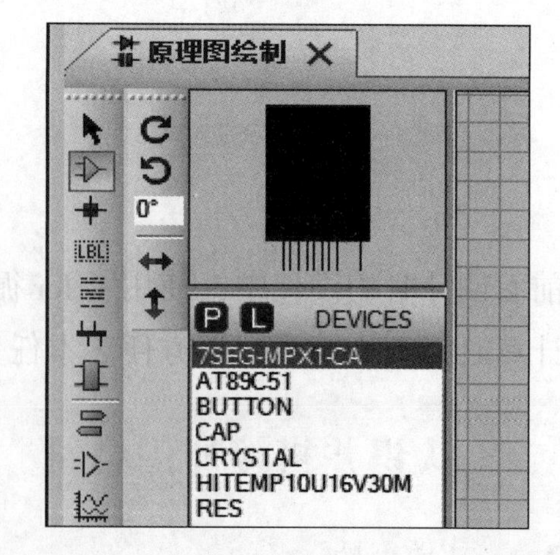

图 4-9　添加完七段数码管的元件列表区

步骤 3：放置电阻。按要求放置 16 个电阻到原理图编辑区相应位置。

步骤 4：放置电源及连接。选择终端模式，单击“电源 POWER”，把电源放置到电路相应位置，并按要求连接好电路。连线完成的 99 s 精确倒计时电路如图 4-10 所示。

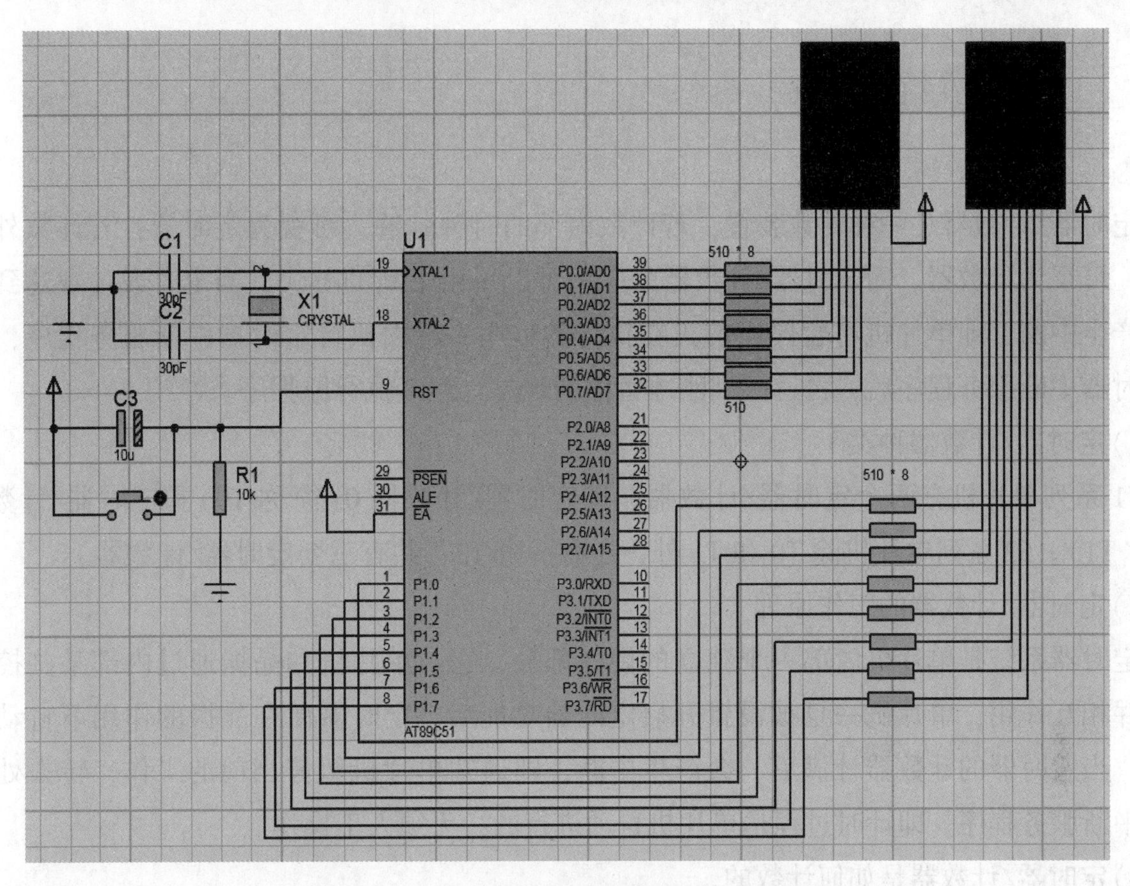

图 4-10　连线完成的 99 s 精确倒计时电路

步骤 5：添加 99 s 精确倒计时 . hex 文件。双击“单片机元件”，弹出“编辑元件”对话框，在“Program File”选项的右侧单击文件夹图标，找到已经编译好的 99 s 精确倒计时 . hex 文件，单击“确定”按钮。

步骤 6：仿真运行。单击左下角的仿真运行按钮，查看仿真效果。

3. 搭接电路

根据模块板连线图搭接好电路。连接好的实物如图 4-11 所示。

连接好电路后，切断电源，等待程序的下载，即做好程序下载前的所有硬件准备工作。

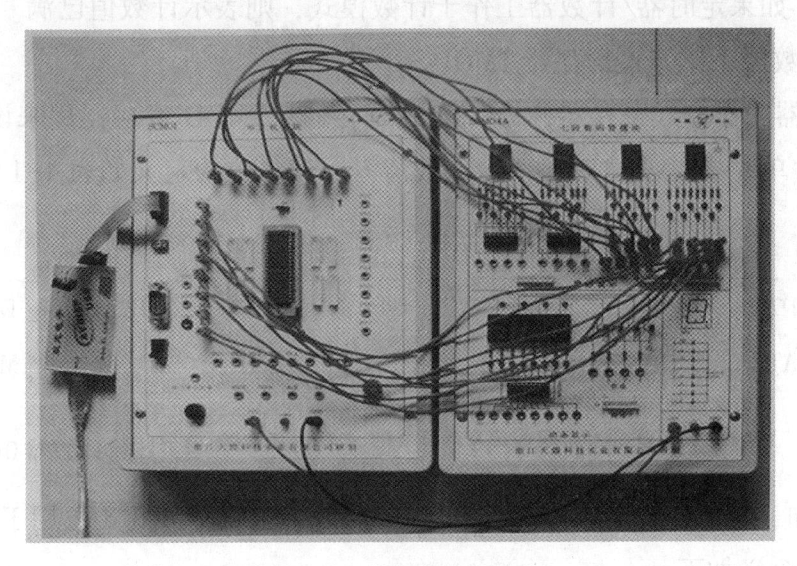

图 4-11　连接好的实物

三、知识链接

1. 认识定时器/计数器

定时器/计数器是一种计数装置，若计数内部的时钟脉冲，可视为定时器；若计数外部的脉冲，可视为计数器。而定时器/计数器的应用可以采用中断的方式，当定时或计数达到终点时即产生中断，即单片机将暂停当前正在执行的程序，转去执行定时器中断服务程序，待完成定时器中断服务程序后，再返回到刚才暂停的地方，继续执行原程序。

1)定时器/计数器种类

51 系列单片机有两个定时器/计数器，即定时器/计数器 0(简称 T0)和定时器/计数器 1(简称 T1)。52 系列单片机除 T0 和 T1 外，还有一个 T2，共有三个定时器/计数器。

2)定时器/计数器的工作原理

定时器系统是单片机内部一个独立的硬件部分，它与单片机和晶振通过内部某些控制线连接并相互作用，单片机一旦被设置开启定时器功能后，定时器便在晶振的作用下自动开始计时，当定时器的计数器计满后，会产生中断，即通知单片机暂停当前的工作，转去处理定时器中断服务程序。即计时过程是单片机自动进行的，无须人工操作。

3)定时器/计数器是如何计数的

定时器/计数器的实质是加 1 计数器(16 位)，由高 8 位寄存器和低 8 位寄存器组成。定时器 T0 的高 8 位寄存器为 TH0，低 8 位寄存器为 TL0；定时器 T1 的高 8 位寄存器为 TH1，低 8 位寄存器为 TL1。

加 1 计数器的输入脉冲有两个来源，一个是由系统的时钟振荡器输出脉冲经 12 分频后送来；另一个是 T0 脚或 T1 脚输入的外部脉冲源，每来一个脉冲，计数器加 1，当计数器累加为全 1 时，再输入一个脉冲使计数器回零，且计数器使 TCON 寄存器中的 TF0 或 TF1 置 1，向单片机发出中断请求(定时器/计数器中断允许时)。如果定时器/计数器工作于定时模式，则表示定时时间已到；如果定时器/计数器工作于计数模式，则表示计数值已满。

4)定时器/计数器工作方式寄存器 TMOD

定时器/计数器工作方式寄存器称为 TMOD 寄存器。TMOD 寄存器用来设置定时器的工作方式及功能选择。单片机复位时 TMOD 全部被清零。其各位的定义如表 4-1 所示。

表 4-1 寄存器 TMOD 各位的定义

位序号	D7	D6	D5	D4	D3	D2	D1	D0
位符号	GATE	G/T	M1	M0	GATE	G/T	M1	M0
	定时器/计数器 1(T1)				定时器/计数器 0(T0)			

由表 4-1 可知，TMOD 的高 4 位用于设置定时器/计数器 1，低 4 位用于设置定时器/计数器 0，对应 4 位的含义如下：

GATE——门控制位。

GATE=0，定时器/计数器的启动与停止仅受 TCON 寄存器中的 TR0 或 TR1 来控制。

GATE=1，定时器/计数器的启动与停止受 TCON 寄存器中的 TR0 或 TR1 和外部中断引脚(INT0 或 INT1)上的电平状态共同控制。

C/T——定时器模式和计数器模式选择位。

C/T=1 为计数器模式；C/T=0 为定时器模式。

M1、M0——工作方式选择位。

每个定时器/计数器都有 4 种工作方式，它们由 M1、M0 设定，其对应关系如表 4-2 所示。

表 4-2 定时器/计数器的对应关系

M1	M0	工作方式	计数范围
0	0	工作方式 0，为 13 位定时器/计数器(其中低 5 位，高 8 位)	0~8 192
0	1	工作方式 1，为 16 位定时器/计数器	0~65 536
1	0	工作方式 2，为 8 位定时器/计数器，具有自动加载功能	0~256
1	1	工作方式 3，仅适用于 T0，分成两个 8 位计数器，T1 停止计数	0~256

5)定时器/计数器控制寄存器 TCON

定时器/计数器控制寄存器称为 TCON 寄存器。TCON 寄存器用来控制定时器的启动、停止、标志定时器溢出和中断情况。单片机复位时 TCON 全部被清零，其各位的定义如表 4-3 所示。

表 4-3 寄存器 TCON 各位的定义

位序号	D7	D6	D5	D4	D3	D2	D1	D0
位符号	TF1	TR1	TF0	TR0	IE1	IT1	IE0	IT0

(1)TF1、TR1、TF0 和 TR0 高 4 位用于定时器/计数器。

TF1——定时器 1 中断(溢出)标志位。

当定时器 1 计满溢出时，由硬件使 TF1 置 1，并且申请中断。进入中断服务程序后，由硬件自动清零。需要注意的是，如果使用定时器中断，那么该位完全不用人为操作，但是如果使用软件查询方式，当查询到该位置 1 后，就需要用软件清零。

TR1——定时器 1 启动控制位。

当 GATE=0 时，TR1 置 1 启动定时器 1；当 GATE=1 且 INT1 为高电平时，TR1 置 1 启动定时器 1。由软件清零关闭定时器 1。

TF0——定时器 0 中断(溢出)标志位，其功能及操作方法同 TF1。

TR0——定时器 0 启动控制位，其功能及操作方法同 TR1。

(2)IE1、IT1、IE0 和 IT0 低 4 位用于外部中断。

IE1——外部中断 1 请求标志位。

当 IT1=0 时，为电平触发方式，每个机器周期的 S5P2 采样 INT1 脚，若 INT1 脚为低电平，则置 1，否则 IE1 清零；当 IT1=1 时，INT1 为边沿触发方式，当第一个机器周期采样到 INT1 脚为低电平时，则 IE1 置 1。IE1=1 表示外部中断 1 正在向单片机申请中断。当单片机响应中断，转向中断服务程序时，该位由硬件清零。

IT1——外部中断 1 触发方式选择位。

当 IT1=0 时，为电平触发方式，引脚 INT1 上低电平有效；当 IT1=1 时，为边沿触发方式，引脚 INT1 上的电平由高到低的负跳变有效。

IE0——外部中断 0 请求标志位，其功能及操作方法同 IE1。

IT0——外部中断 0 触发方式选择位，其功能及操作方法同 IT1。

6）定时器工作方式的设置

从上面的知识可知，每个定时器都有 4 种工作方式，可通过设置 TMOD 寄存器中的 M1、M0 位来进行工作方式的选择。如要设置为定时器 0 工作方式 1，则可通过语句“TMOD=0x01;”来实现；如要设置为定时器 0 工作方式 0，可通过语句“TMOD=0x00;”来实现；如要设置为定时器 1 工作方式 1，可通过语句“TMOD=0x10;”来实现等。

7）工作方式 1 的工作过程

定时器 0 工作方式 1：16 位定时器。由前述可知，工作方式 1 的计数位数是 16 位，对 T0 来说，由 TH0 寄存器作为高 8 位、TL0 寄存器作为低 8 位，组成了 16 位加 1 计数器，其逻辑结构如图 4-12 所示。

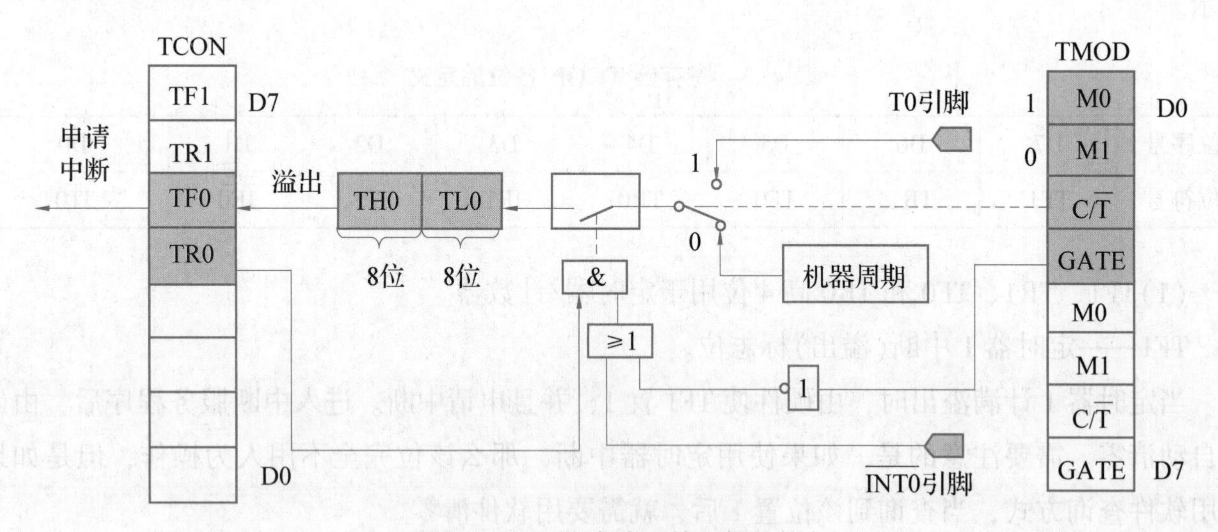

图 4-12 工作方式 1 的逻辑结构

分析图 4-12 可知，当 GATE=0，TR0=1 时，TL0 便在机器周期的作用下开始加 1 计数，当 TL0 计满后向 TH0 进 1 位，直到把 TH0 也计满，此时计数器溢出，置 TF0 为 1，接着向单片机申请中断，单片机进行中断处理。在这种情况下，只要 TR0 为 1，那么计数就不会停止。这就是定时器 0 工作方式 1 的工作过程，其他 8 位定时器、13 位定时器的工作方式都大同小异。

(1)工作方式0。

工作方式0提供13位的定时器/计数器(定时器0及定时器1)，其计数量分别放置在THx与TLx两个8位的计数寄存器里，其中，THx放置8位，TLx放置5位。对于T0来说，由TL0寄存器的低5位(高3位未用)和TH0的8位组成。TL0的低5位溢出时向TH0进位，TH0溢出时，置位TCON中的TF0标志，向单片机发出中断请求。图4-13所示为定时器0工作方式0的逻辑结构。

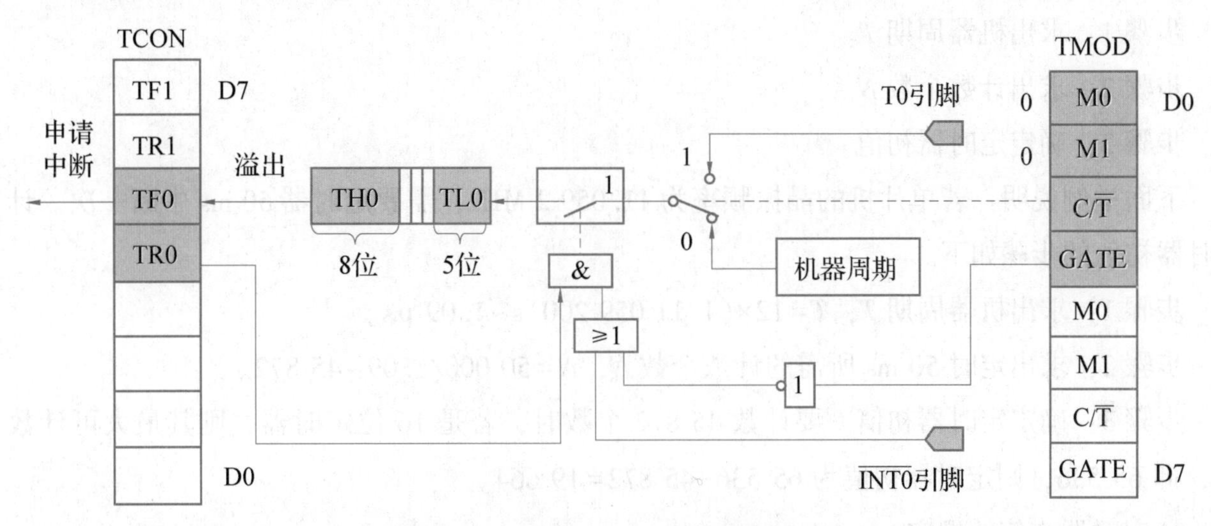

图4-13　定时器0工作方式0的逻辑结构

(2)工作方式2。

工作方式2提供两个8位可自动加载的定时器/计数器(定时器0及定时器1)，其计数量分别放置在TLx计数寄存器里，当该定时器/计数器中断时，将会自动将THx计数寄存器里的计数量载入TLx里，使TLx从初值开始重新计数，这样就避免了人为软件重装初值所带来的时间误差，从而提高了定时精度。由于只有8位，其计数器范围仅到256为止。

(3)工作方式3。

工作方式3是一种特殊的模式，只适用于定时器/计数器T0，当设定定时器T1处于工作方式3时，定时器1不计数。工作方式3将T0分成两个独立的8位计数器TL0和TH0。其中TL0为正常的8位计数器，计数溢出后置位TF0，并向单片机申请中断，之后再重装初值。TH0也被固定为一个8位计数器，不过由于TL0已经占用了TF0和TR0，因此这里的TH0将占用定时器1的中断标志位TF1和定时器启动控制位TR1。

这里需要强调，因为定时器0在工作方式3时会占用定时器1的中断标志位，为了避免中断冲突，在设计程序时一定要注意，当T0工作在工作方式3时，T1一定不要用在有中断的场合。

8)定时器初值的计算

定时器一旦启动，它便在原来的数值上开始加1计数，若在程序开始时没有设置TH0和TL0，它们的默认值都是0，假设时钟频率为12 MHz，12个时钟周期为一个机器周期，那么此时机器周期就是1 μs，计满TH0和TL0就需要2#-1个数，再来一个脉冲，计数器溢出，随即向单片机申请中断。因此溢出一次共需65 536 μs，约等于65. 5 ms，如果要定时50 ms，那么就需要先给 TH0 和 TL0 装一个初值，在这个初值的基础上计 50 000 个数后，定时器溢出，此时刚好就是 50 ms 中断一次，当需要定时 1 s 时，50 ms 的定时器中断 20 次后便认为是 1 s，这样便可精确控制定时时间。要计 50 000 个数时，TH0 和 TL0 中应该装入的总数是 65 536-50 000=15 536，把 15 536 对 256 求模，即 15 536/256 装入 TH0 中，把 15 536 对 256 求余，即 15 536%256=176 装入 TL0 中。

定时器初值的计算步骤如下。

步骤 1：求出机器周期 T。

步骤 2：求出计数个数 N。

步骤 3：确定定时器初值。

下面举例说明：若单片机的晶振频率为 11.059 2 MHz，需要定时器 50 ms 中断一次。计算定时器初值的步骤如下。

步骤 1：求出机器周期 T，$T=12\times(1/11\,059\,200)\,\text{s}\sim1.09\ \mu\text{s}$。

步骤 2：求出定时 50 ms 所需的计数个数 N，$N=50\,000/1.09\sim45\,872$。

步骤 3：确定定时器初值。要计数 45 872 个数时，若是 16 位定时器，则其最大可计数为 2^{16}，即 65 536，则定时器初值为 65 536-45 872=19 664。

9) 定时器初值的设定

若使用定时器 0 工作方式 1，则由以上计算可知：

(1) 晶振频率为 11.059 2 MHz。把初值 19 664 对 256 求模，即 19 664/256 的值放在高 8 位寄存器 TH0 中；把初值 19 664 对 256 求余，即 19 664%256 的值放在低 8 位寄存器 TL0 中，则

$$\text{TH0}=(65\,536-45\,872)/256$$

$$\text{TL0}=(65\,536-45\,872)\,\%256$$

(2) 晶振频率为 12 MHz。把初值 15 536 对 256 求模，即 15 536/256 的值放在高 8 位寄存器 TH0 中；把初值 15 536 对 256 求余，即 15 536%256 的值放在低 8 位寄存器 TL0 中，则

$$\text{TH0}=(65\,536-50\,000)/256$$

$$\text{TL0}=(65\,536-50\,000)\,\%256$$

10) 定时器及中断寄存器的初始化设置

在编写单片机的定时器程序时，在程序开始处需要对定时器及中断寄存器做初始化设置，通常定时器初始化过程如下：

(1) 对 TMOD 赋值，以确定 T0 或 T1 的工作方式。

(2) 计算初值，并将初值装入 TH0、TL0 或 TH1、TL1。

(3) 中断方式时，则对 IE 赋值，打开中断。

(4) 使 TR0 或 TR1 置位，启动定时器/计数器。

举例说明：若设置定时器 0 工作方式 1，晶振频率为 12 MHz，定时器 50 ms 中断一次。程序开始处对定时器及中断寄存器的初始化设置如下：

```
TMOD=0x01:                              //设置定时器 0 工作方式 1
TH0=(65 536-50 000)/256;                //装初值,12 MHz 晶振定时 50 ms,计数为 50 000
TL0=(65 536-50 000)% 256;
EA=1;                                   //打开全局中断控制
ET0=1;                                  //打开定时器 0 中断
TR0=1;                                  //启动定时器 0
```

2. 程序中相关语句段的学习

1)定时器及中断寄存器初始化设置语句

```
TMOD=0x01;                              //设置定时器 0 工作方式 1
TH0=(65 536-45 872)/256;                //装初值,11.059 2 MHz 晶振定时 50 ms,计数值为 45 872
TL0=(65 536-45 872)% 256;
EA=1;                                   //打开全局中断控制
ET0=1;                                  //打开定时器 0 中断
TR0=1;                                  //启动定时器 0
```

2)循环显示部分

```
while (1)                               //进入显示循环
{
P0=led [ctime/10];                      //利用编码的方法给 P0 口赋值
P1=led [ctime% 10];                     //利用编码的方法给 P1 口赋值
}
```

以上程序段是无限循环显示程序。其功能是不断显示变量 ctime 的值，而变量 ctime 的值是在中断服务程序执行时改变的。本程序中 ctime 的值是每隔 1 s 自动减 1，即秒倒计时。

3)中断服务程序部分

```
void time ( ) interrupt 1               //定时器 0 中断服务程序
{
    TH0=(65 536-45 872)/256;            //重装初值
    TL0=(65 536-45 872)% 256;
    i++;                                //i 每次自加后判断是否等于 20 次
    if (i==20)                          //如果 i 等于 20,说明 1 s 时间到
    {
        i=0;                            //然后把 i 置 0
        ctime--;                        //显示值自动减 1
        if (ctime <0)                   //若 ctime 小于 0,又从 99 开始倒计时
        {
            ctime=99;
        }
    }
}
```

以上程序段为定时器 0 中断服务程序。i 为全局变量，因为定时器中断最多只能计 65 532 μs，而在这个项目中要计的时间是 1 s，超出了中断的计时范围，所以使用了一个全局变量 i。定时器中断设置为 50 ms 中断一次，每次中断后 i 加 1，这样当 i 等于 20 的时候就说明计时已经达到 1 s(1 s=50×20 ms)，此时 ctime 自动减 1。

注意：一般在中断服务程序中不要写过多的处理语句，因为如果语句过多，会导致中断服务程序中的代码还未执行完毕，下一次中断就已来临，这样就会丢失这次中断，当单片机循环执行代码时，这种丢失累积出现，程序完全乱套。一般遵循的原则是：能在主程序中完成的功能就不在中断服务程序中完成，若非要在中断服务程序中实现功能，那么一定要高效、简洁。

四、程序的编写、编译与下载

1. 程序的编写

步骤 1：在“D：\ 单片机学习+姓名”文件夹下，新建一个名为“Project16_1”的文件夹，然后在“Projet16_1”文件夹下，新建一个名为“Project16_1”的工程，再在“Project16_1”工程中，新建一个名为“Project16_1. c”的文件。

步骤 2：回到建立工程后的编辑界面“Project16_1. c”下，在当前编辑框中输入如下的 C 语言源程序。

```
#include <reg52.h>                    //52 系列单片机头文件
#define uchar unsigned char           //宏定义
#define uint unsigned int
char i;
char ctime=99;
uchar code led [ ] ={                 //编码定义
0x81, 0xf3, 0x49,
0x61, 0x33, 0x25,
0x05, 0xf1, 0x01.0x21 };
void main ( )                         //主函数
{
    TMOD=0x01;                        //设置定时器 0 为工作方式 1
    TH0= (65 536-45 872) /256;        //装初值,11.059 2 MHz 晶振,定时 50 ms,计数值为 45 872
    TL0= (65 536-45 872) % 256;
    EA=1;                             //打开全局中断控制
    ET0=1;                            //打开定时器 0 中断
    TR0=1;                            //启动定时器 0
    while (1)                         //进入显示循环
    {
        P0=led [ctime/10];            //利用编码的方法给 P0 口赋值
        P1=led [ctime% 10];           //利用编码的方法给 P1 口赋值
    }
```

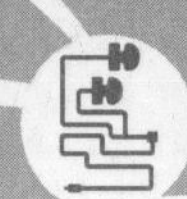


```
}
void time () interrupt 1                //定时器 0 中断服务程序
{
    TH0= (65 536-45 872) /256;          //重装初值
    TL0= (65 536-45 872) % 256;
    i++;                                //i 每次自加后,判断其是否等于 20
    if (i==20)                          //如果 i 等于 20,说明 1 s 时间到
    {
        i=0;                            //把 i 置 0
        ctime--;                        //显示值自动减 1
        if (ctime <0)
        {
            ctime=99;
        }
    }
}
```

小提示：在以上程序中，语句“EA = 1;”和“ET0 = 1;”两个语句，可以用一个语句“IE = 0x82;”来代替，其效果是一样的。这是为什么？

步骤 3：输入完程序后，将程序存盘。

2. 程序的编译与下载

程序的编译与下载具体操作过程可参照前面的相关任务。

接通电源，数码管上显示 99，并开始倒计时，每过 1 s 减 1，减到 0 的时候返回到 99，继续进行倒计时显示，每过 1 s 减 1……

任务三　数字钟的设计

思维导图 

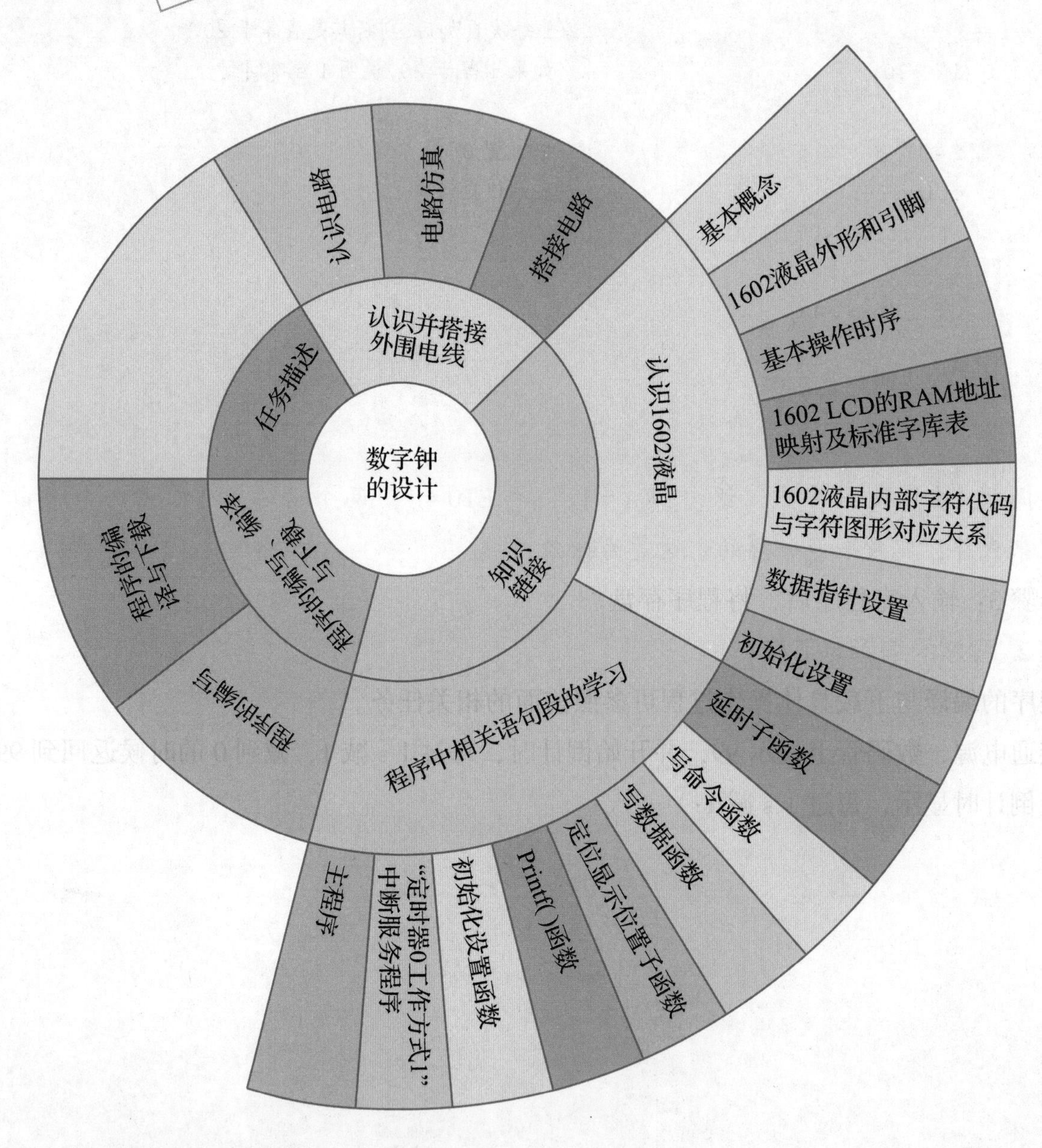

一、任务描述

利用定时器中断的相关知识，设计一个在 1602 液晶显示屏上显示从“00:00:00”开始计时的时钟。

二、认识并搭接外围电路

1. 认识电路

图 4-14 所示为时钟的模块板连线图。本任务需要用到单片机模块和 LCD 显示模块（1602

液晶显示屏)。除电源和地线外，还需要连接 11 根线，即单片机模块中的 P0.0、P0.1、P0.2、P0.3、P0.4、P0.5、P0.6、P0.7 分别与 LCD 显示模块中的 D0、D1、D2、D3、D4、D5、D6、D7 相连；单片机模块中的 P2.0、P2.1 分别与 LCD 显示模块中的 RS 端和 E 端相连；LCD 显示模块中的 R/W 端接地。

其中，单片机模块中的 P0.0、P0.1、P0.2、P0.3、P0.4、P0.5、P0.6、P0.7 与 LCD 显示模块中的 D0、D1、D2、D3、D4、D5、D6、D7 同样采用排线连接。

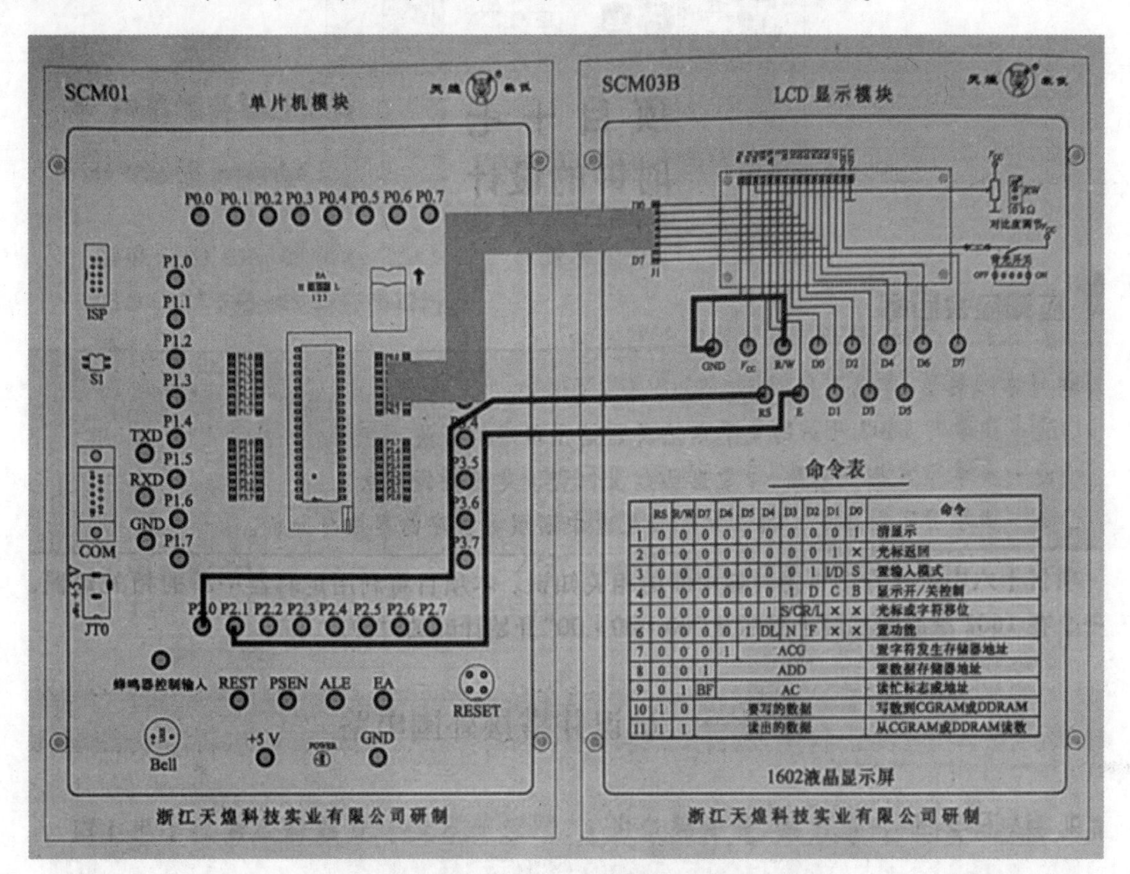

图 4-14　时钟的模块板连线图

2. 电路仿真

启动 Proteus 仿真软件，绘制仿真电路原理图，并对电路进行仿真运行。

步骤 1：打开单片机最小系统电路仿真图。

步骤 2：添加并放置 1602 液晶显示器。在元件模式下单击“元件选取”按钮 P，弹出“选取元件”对话框，在关键字处输入 LM016L，找到“LM016L”双击，将其添加到元件列表区域，并把其放置到原理图编辑区。

步骤 3：添加并放置电位器。继续单击“元件选取”按钮 P，出现“选取元件”对话框，在关键字处输入 POT-HG，找到“POT-HG”双击，将其添加到元件列表区，并把其放置到原理图编辑区。添加完 1602 液晶显示器和电位器的元件列表区如图 4-15 所示。

步骤 4：放置电源及连接。选择终端模式，单击“电源 POWER”，把电源放置到电路相应位置；并按要求连接好电路。连完线的时钟电路如图 4-16 所示。

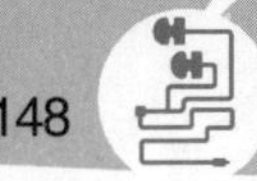

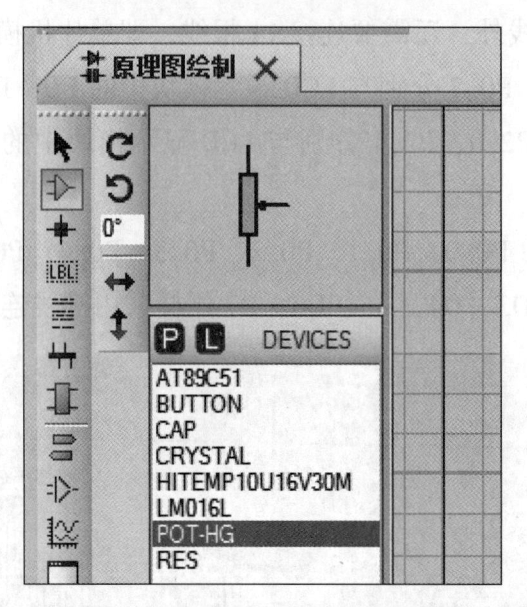

图 4-15　添加完 1602 液晶显示器和电位器的元件列表区

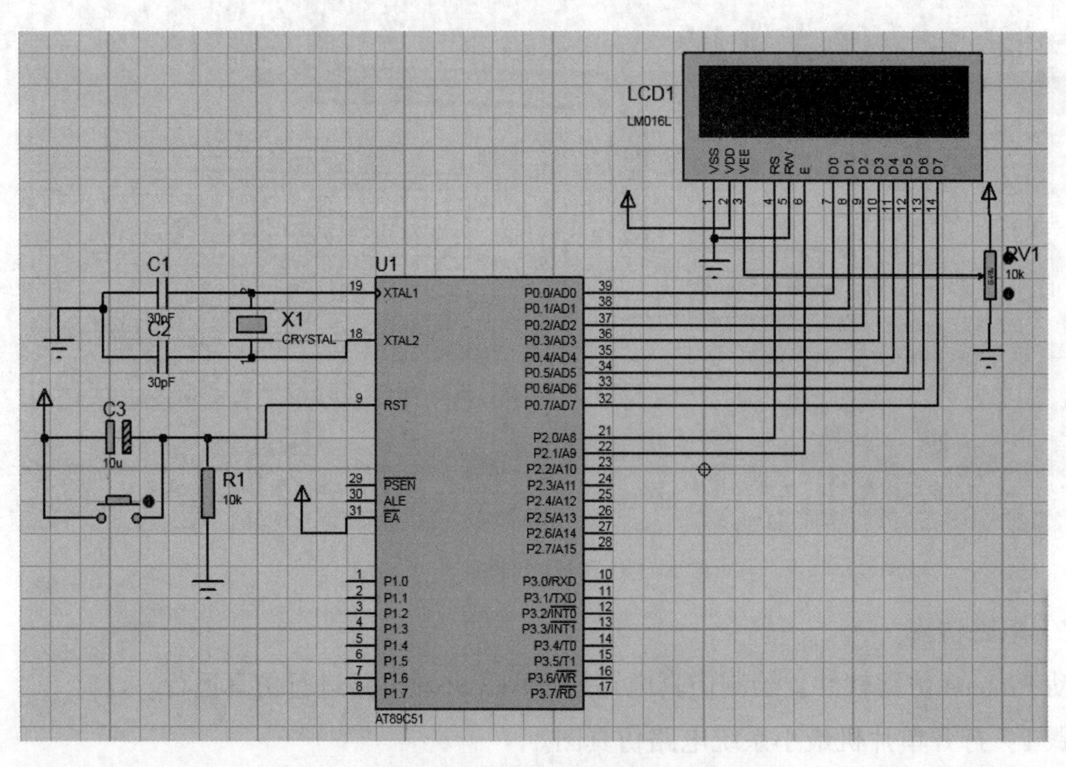

图 4-16　连完线的时钟电路

步骤 5：添加时钟 . hex 文件。双击“单片机元件”，弹出“编辑元件”对话框，在“Program File”选项的右侧单击文件夹图标，找到已经编译好的时钟 . hex 文件，单击“确定”按钮。

步骤 6：仿真运行。单击左下角的“仿真运行”按钮，查看仿真效果。

3. 搭接电路

根据模块板连线图搭接好电路。连接好的实物如图 4-17 所示。

连接好电路后，切断电源，等待程序的下载，即做好程序下载前的所有硬件准备工作。

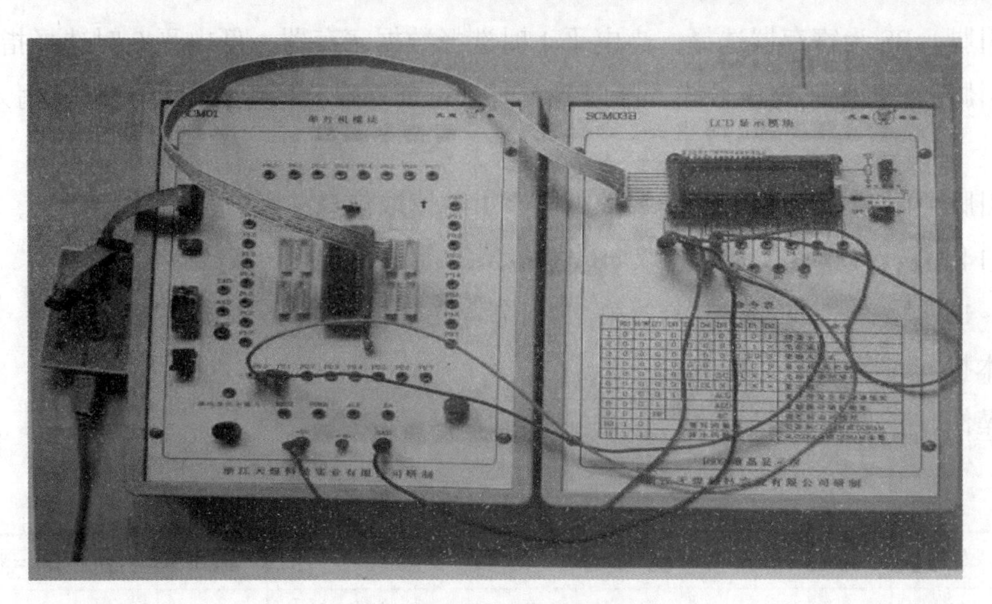

图 4-17　连接好的实物

三、知识链接

1. 认识 1602 液晶

1) 基本概念

各种型号的液晶通常是按照显示字符的行数或液晶点阵的行、列来命名的。如 1602 的意思是每行显示 16 个字符，一共可以显示两行。类似的命名还有 0801、0802、1601 等，这类液晶通常是字符型液晶，即只能显示 ASCII 码字符，如数字、大小写字母、各种字符等。

2) 1602 液晶外形和引脚

1602 液晶的外形如图 4-18 所示；1602 液晶的引脚如图 4-19 所示。

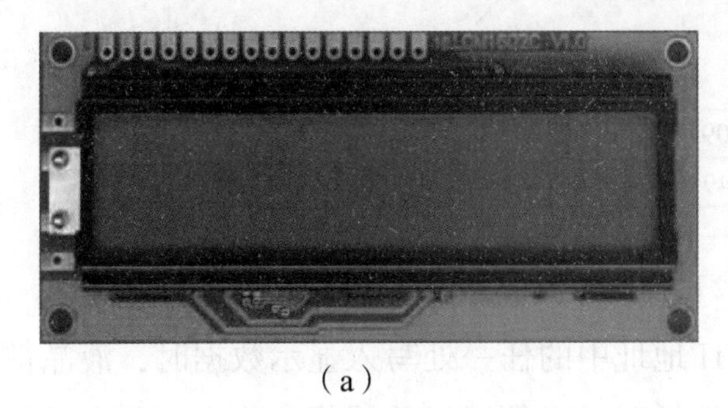

（a）

（b）

图 4-18　1602 液晶的外形

(a) 1602 液晶正面；(b) 1602 液晶背面

第 1 引脚：GND 为电源地。

第 2 引脚：V_{CC} 接 5 V 电源正极。

第 3 引脚：VL 为液晶屏亮度调整端，此引脚电压越低亮度越高，使用时可以通过一个 10 kΩ 的电位器调整亮度。

LCD 1602

GND	VCC	VL	RS	RW	EN	D0	D1	D2	D3	D4	D5	D6	D7	BL+	BL-
1	2	3	4	5	6	7	8	9	10	11	12	13	14	15	16

图 4-19　1602 液晶的引脚

第4引脚：RS为寄存器选择，高电平1时选择数据寄存器，低电平0时选择指令寄存器。

第5引脚：RW为读写信号线，高电平1时进行读操作，低电平0时只向其写入指令和显示数据。

第6引脚：E(或EN)端为使能端，高电平1时读取信息，负跳变时执行指令。

第7~14引脚：D0~D7为8位双向数据端。

第15~16脚：空脚或背灯电源。第15引脚背光正极，第16引脚背光负极。

3)基本操作时序

基本操作时序如表4-4所示。

表4-4 基本操作时序

读状态	输入	RS=L，R/W=H，E=H	输出	D0~D7=状态字
写指令	输入	RS=L，RW=L，D0~D7=指令码，E=高脉冲	输出	无
读数据	输入	RS=H，R/W=H，E=H	输出	D0~D7=数据
写数据	输入	RS=H，R/W=L，D0~D7=数据，E=高脉冲	输出	无

4)1602 LCD的RAM地址映射及标准字库表

液晶显示模块是一个慢显示器件，所以在执行每条指令之前一定要确认模块的忙标志为低电平，表示不忙，否则此指令失效。要显示字符时要先输入显示字符地址，也就是告诉模块在哪里显示字符。图4-20所示为1602的内部显示地址。

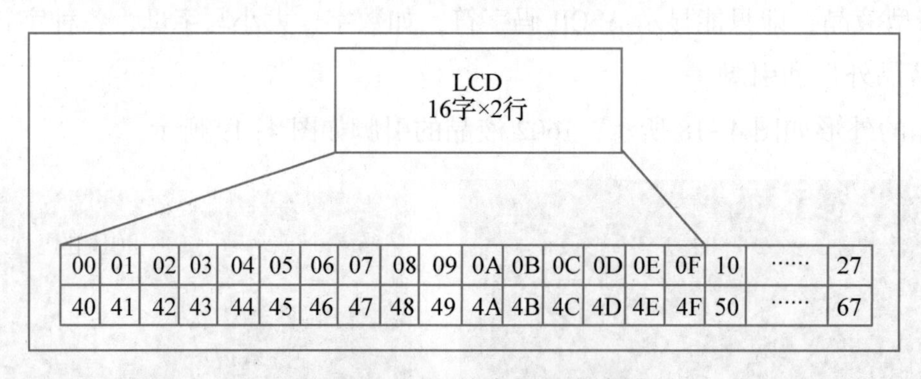

图4-20 1602的内部显示地址

当向图4-20所示的00H~0FH、40H~4FH地址中的任一处写入显示数据时，液晶都可立即显示出来，当写入10H~27H或50H~67H地址时，必须通过移屏指令将它们移入可显示区域，方可正常显示。

5)1602液晶内部字符代码与字符图形对应关系

1602液晶内部的字符发生存储器(CGROM)已经存储了160个不同的点阵字符图形，其内部还有自定义字符(CGRAM)，可用来存储自己定义的字符。每个字符都有一个固定的代码，如表4-5所示。比如大写英文字母“A”的代码是01000001B(41H)，显示时模块把地址41H中的点阵字符图形显示出来，就能看到字母“A”。又因为1602液晶识别的是ASCII码，也可以用ASCII码直接赋值，在单片机编程中还可以用字符型常量或变量赋值，如“A”。

表 4-5 1602 液晶内部字符代码与字符图形对应关系

高位 低位	0000	0010	0011	0100	0101	0110	0111	1010	1011	1100	1101	1110	1111
××××0000	CGRAM (1)		0	ə	P	\	p		-	タ	三	α	P
××××0001	(2)	!	1	A	Q	a	q	□	ア	チ	ム	ä	q
××××0010	(3)	"	2	B	R	b	r	「	イ	川	メ	β	θ
××××0011	(4)	#	3	C	S	c	s	」	ウ	ラ	モ	ε	∞
××××0100	(5)	$	4	D	T	d	t	\	エ	ト	セ	μ	Ω
××××0101	(6)	%	5	E	U	e	u	ロ	オ	ナ	ユ	B	0
××××0110	(7)	&	6	F	V	f	v	テ	カ	ニ	ヨ	P	Σ
××××0111	(8)	>	7	G	W	g	w	ア	キ	ヌ	ラ	g	π
××××1000	(1)	(	8	H	X	h	x	イ	ク	ネ	リ	∫	X
××××1001	(2)	)	9	I	Y	i	y	ウ	ケ	」	ル	-1	y
××××1010	(3)	*	'	J	Z	j	z	エ	コ	リ	レ	j	千
××××1011	(4)	+	'	K	[	k	{	オ	サ	ヒ	ロ	x	万
××××1100	(5)	フ	<	L	¥	l	|	セ	シ	フ	ワ	¢	[illegible]
××××1101	(6)	-	=	M	]	m	}	ユ	ス	ヘ	ソ	£	+
××××1110	(7)	.	>	N	•	n	•	ヨ	セ	ホ	ハ	X	
××××1111	(8)	/	?	O	-	o	←	ツ	ソ	マ	ロ	Ö	

6)数据指针设置

控制器内部设有一个数据指针，用户可以通过它们访问内部的全部 80B 的 RAM，如表 4-6 所示。

表 4-6 数据指针

指令码	功能
80H+地址码(00H~27H，40H~67H)	设置数据指针

7)初始化设置

(1)显示模式设置如表 4-7 所示。

表 4-7 显示模式设置

指令码								功能
0	0	1	1	1	0	0	0	设置 16×2 显示，5×7 点阵，8 位数据接口

(2)显示开/关及光标设置如表4-8所示。

表4-8 显示开/关及光标设置

指令码								功能
0	0	0	0	1	D	C	B	D=1：开显示；D=0：关显示。 C=1：显示光标；C=0：不显示光标。 B=1：光标闪烁；B=0：光标不闪烁
0	0	0	0	0	1	N	S	N=1：当读或写一个字符后，地址指针加1，且光标加1。 N=0：当读或写一个字符后，地址指针减1，且光标减1。 S=1：当写一个字符时，整屏显示左移(N=1)或右移(N=0)，以得到光标不移动而屏幕移动的效果。S=0：当写一个字符时，整屏显示不移动
0	0	0	1	0	0	0	0	光标左移
0	0	0	1	0	1	0	0	光标右移
0	0	0	1	1	0	0	0	整屏左移，同时光标跟随移动
0	0	0	1	1	1	0	0	整屏右移，同时光标跟随移动

2. 程序中相关语句段的学习

1)延时子函数

```
void delay (uint xms)                         //延时子函数
{
    uint i, j;
    for (i=0; i <x ms; i++)                   //延时x ms
    for (j=0; j <115; j++);
}
```

此函数在前面相关项目中已多次出现。其功能是：延时 x ms。本程序中出现“delay(5);”语句，是延时5 ms；出现“delay(100);”语句，是延时100 ms。

2)写命令函数

1602液晶有两种操作模式，一种是写指令操作模式，另一种是写数据操作模式。写指令操作和写数据操作分别用两个独立的函数来完成，函数内部唯一的区别就是液晶的“数据/指令选择端”(RS端)的电平，即当RS=0时，选择写指令操作模式；当RS=1时，选择写数据操作模式。

```
void write_com (uchar com)               //写指令函数
{
    ledrs=0;                             //选择写指令操作模式
    P0 = com;                            //将要写的指令送到数据总线上
    delay (5);                           //稍做延时以待数据稳定
```

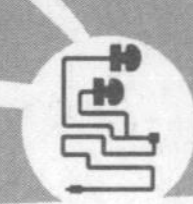


```
    lcden=1;                    //给使能端一个高电平,因为初始化函数中已将 lcden 置为 0
    delay (5);                  //稍做延时
    lcden=0;                    //将使能端置 0 以完成高脉冲
}
```

此函数为写指令函数。其功能是：写指令。程序中出现“write_com(0x80+y);”语句，是写“定位指令”，即把光标定位在第 1 行、第 y 列的位置。另外在 1602 液晶初始化函数 void init( ) 中，调用了 5 次写指令子函数。

3)写数据函数

```
void write_data (uchar data)     //写数据函数
{
ledrs=1;                         //选择写数据操作模式
P0=data;                         //将要写的数据送到数据总线上
delay (5);                       //稍做延时以待数据稳定
lcden=1;                         //给使能端一个高电平,因为初始化函数中已将 lcden 置为 0
delay (5);                       //稍做延时
lcden=0;                         //将使能端置 0 以完成高脉冲
}
```

此函数为写数据函数。其功能是：写数据。程序中出现“write_data(c);”语句，即调用的是“写数据”子函数。

4)定位显示位置子函数

```
void LCDloc (char x,char y)      //设定显示位置函数
{
    if (xm=1)
    {
    write_com (0x80+y);          //将数据指针定位到第 1 行第 y 个字符处
    }
    else
    {
    write_com (0xc0+y);          //将数据指针定位到第 2 行第 y 个字符处
    }
}
```

此函数为设定显示位置子函数。其功能是：设定 1602 液晶显示屏上的光标位置。程序中用到“LCDloc(1, 3);”语句，即把光标定位到第 1 行、第 3 个字符处；用到“LCDloc(1, 5);”语句，即把光标定位到第 1 行、第 5 个字符处，以此类推。

5)printf( )函数

在本程序中使用了 Keil C 中的标准流处理函数 printf( )。要使用这个函数必须加入头文件 <stdio. h>. keil C 中的 printf( )函数。默认状态下是通过 putchar( )函数把输出内容逐个字符地输出到单片机串口。但是本程序是想让输出内容输出到 1602 液晶上，因此必须通过改写

putchar( )函数来达到这个目的。本程序中改写后的putchar( )函数如下：

```
char putchar (char c)
{
    write_data (c);                          //向液晶输出一个字符
    return (e);
}
```

以上putchar( )函数的功能：它是与printf( )函数配合使用的，printf( )函数每输出一个字符需自动调用一次putchar( )函数来实现。

printf( )函数具体使用方法介绍如下：

printf( )函数的调用格式为printf("<格式化字符串>", <参数表>)；

其中，格式化字符串包括两部分内容：一部分是正常字符，这些字符将按原样输出；另一部分是格式化规定字符，以"%"开始，后跟一个或几个规定字符，用来确定输出内容格式。

参数表是需要输出的一系列参数，其个数必须与格式化字符串所说明的输出参数个数相同，各参数之间用","分开，且顺序一一对应，否则将会出现意想不到的错误。

printf( )函数是格式输出函数，请求printf( )打印变量的指令取决于变量的类型。例如，在打印整数时使用"%d"符号，在打印字符时使用"%c"符号，这些符号称为转换说明。因为它们指定了如何将数据转换成可显示的形式。表4-9所示为ASCII标准printf( )提供的各种转换说明。

表4-9　ASCII标准printf( )提供的各种转换说明

转换说明	打印输出
%c	一个字符
%d	有符号十进制整数
%e	浮点数，e-计数法
%E	浮点数，E-计数法
%f	浮点数，十进制计数法
%g	根据数值不同自动选择%f或e
%G	根据数值不同自动选择%f或E
%i	有符号十进制整数(与%d相同)
%o	无符号八进制整数
%p	指针
%s	字符串
%u	指无符号十进制整数
%x	无符号十六进制数，并以小写拉丁字母abedef表示
%X	无符号十六进制数，并以大写拉丁字母ABCDEF表示
%%	打印一个百分号

6) 初始化设置函数

```
void init ( )
{
    lcden=0;
    write_com (0x38);                   //16×2 显示,5×7 点阵,8 位数据
    write_com (0x0c);                   //开显示,关光标,关光标闪烁
    write_com (0x06);                   //写一个字符,地址指针+1,画面不移动
    write_com (0x01);                   //显示清屏,数据指针=0,所有显示=0
    write_com (0x80);                   //数据首地址为 80H,所以数据地址为 80H+地址码
}
```

此函数为初始化设置函数。其功能是：对 1602 液晶显示屏进行初始化设置。

7)“定时器 0 工作方式 1”中断服务程序

```
void T0_time ( ) interrupt 1            //中断定时器 0 工作方式 1 服务程序
{
    TH0= (65 536-50 000) /256;          //装初值,12 MHz 晶振定时 50 ms,计数值为 50 000
    TL0= (65 536-50 000) % 256;
    n++;
    if (n==10)                          //当 50 ms 定时 10 次,即为 0.5 s 时,两个“:”字符被空格替代
    {
        LCDloc (1, 5);
        printf ("");
        LCDloc (1, 8);
        printf ("");
    }
    if (n==20)                          //当 50 ms 定时 20 次,即为 1 s 时,两个空格又被“:”字符替代
    {
        LCDloc (1, 5);
        printf (“: ”);
        LCDloc (1, 8);
        printf (“: ”);
        miao++;                         //每次到 1 s 时,“miao”加 1
        if (miao==60)                   //每次到 60 s 时,“miao”变为 0,“fen”加 1
        {
            miao=0;
            fen++;                      //每次到 60 min 时,“fen”变为 0,“shi”加 1
            if (fen==60)
            {
                fen=0;
                shi++;
                if (shi==24)            //每次到 24 h 时,“shi”又从 0 开始
```

```
                {
                    shi=0;
                }
                LCDloc (1, 3);          //在第 1 行、第 3 个字符处输出“shi”
                printf ("%d%d",shi/10,shi% 10);
            }
            LCDloc (1, 6);              //在第 1 行、第 6 个字符处输出“fen”
            printf (“%d%d”,fen/10,fen% 10);
        }
        LCDloc (1, 9);                  //在第 1 行、第 9 个字符处输出“miao”
        printf (“%d%d”,miao/10,miao% 10);
        n=0;                            //n 重新清零
    }
}
```

以上程序为“中断定时器 0 工作方式 1”中断服务子程序。其功能是：当每次计时到 50 ms 时单片机发生中断。每中断 10 次即共计时到半秒(0.5 s)时，miao 与 fen 之间及 fen 与 shi 之间的“:”用空格替代；再中断 10 次即又共计时到半秒时，空格又被“:”替代，这样看上去的感觉是“:”不停地在闪烁。当计时到 60 s 时，进位到分，“miao”被重新清零；计时到 60 min 时，进位到时，“fen”被重新清零；当计时到 24 h 后，“shi”被重新清零。同时在指定的位置上，准确输出“shi、fen、miao”的值，如此不断循环。即在 1602 液晶显示屏上显示从“00:00:00”开始计时的时钟。

8)主程序

```
void main ( )
{
    init ( );
    TMOD=0x01;
    IE=0x82;
    TR0 = 1;
    LCDloc(1, 3);
    printf(“00: 00: 00” );
    while (1);
}
```

以上是主程序。主程序的功能是先通过“init( );”语句对 1602 液晶显示屏进行初始化设置，然后通过“TMOD = 0x01;”语句将单片机定时器设置为中断 0 工作方式 1，通过“IE = 0x82;”语句打开全局中断控制并开启定时器 0 中断，通过“TR0 = 1;”语句启动定时器 0，通过“LCDloc(1，3);”和“printf(“00:00:00”);”语句在 1602 液晶显示屏的第 1 行、第 3 个字符处显示“00:00:00”，最后执行“while(1);”语句等待中断。

四、程序的编写、编译与下载

1. 程序的编写

步骤 1：在“D：\ 单片机学习+姓名”文件夹下，新建一个名为“Project17_1”的文件夹，然后在“Project17_1”文件夹下，新建一个名为“Project17_1”的工程，再在“Project17_1”工程中，新建一个名为“Project17_1. c”的文件。

步骤 2：回到建立工程后的编辑界面“Project17_1. c”下，在当前编辑框中输入如下的 C 语言源程序：

```
#include <reg52.h>
#include <stdio.h>
#define uchar unsigned char
#define uint unsigned int
sbit lcdrs=P2^0;                        //P2.0 作为 LCD 的使能信号控制端
sbit lcden=P2^1;                        //P2.1 作为 LCD 的数据/指令选择端
uint n, shi, fen, miao;
void delay (uint x ms)                  //延时子函数
{
    uint i,j;
    for (i=0; i <x ms; i++)             //延时 x ms
    for (j=0; j <115; j++);
}
void write_com (uchar com)              //写指令函数
{
    lcdrs=0;
    P0=com;
    delay (5);
    lcden=1;                            //发送指令程序
    delay (5);
    lcden=0;
}
void write_data (uchar data)            //写数据函数
{
    lcdrs=1;
    P0=data;
    delay (5);
    lcden=1;                            //发送数据程序
    delay (5);
    lcden=0;
}
void LCDloc (char x,char y)             //设定显示位置函数
```

```
{
    if (x = =1)
    {
        write_com (0x80+y);
    }
    Else
    {
        write_com (0xc0+y);
    }
}
char putchar (char c)
{
    write_data (c);
    return (c);
}
void init ()
{
    lcden=0;
    write_com (0x38);                    //16×2 显示,5×7 点阵,8 位数据
    write_com (0x0c);                    //开显示,关光标,关光标闪烁
    write_com (0x06);                    //写一个字符,地址指针+1,画面不移动
    write_com (0x01);                    //显示清屏,数据指针=0,所有显示=0
    write_com (0x80);                    //数据首地址为 80H,所以数据地址为 80H+地址码
}
void main ( )
{
    init ( );
    TMOD=0x01;
    IE=0x82;
    TR0=1;
    LCDloc (1, 3);
    Printf(“00: 00: 00”)
    while (1);
}
void T0_time ( ) interrupt 1
{
    TH0= (65 536-50 000) /256;
    TL0= (65 536-50 000) % 256;
    n++;
    if (n = =10)
    {
        LCDloc (1, 5);
        printf ("");
```

```
        LCDloc (1, 8);
        printf ("");
    }
    if (n==20)
    {
        LCDloc (1, 5);
        printf (“: ”);
        LCDloc (1, 8);
        printf (“: ”);
        miao++;
        if (miao==60)
        {
            miao=0;
            fen++;
            if (fen==60)
            {
                fen=0;
                shi++;
                if (shi==24)
                {
                    shi=0;
                }
                LCDloc (1, 3);
                printf ("%d%d",shi/10,shi% 10);
            }
            LCDloc (1, 6);
            printf (“%d%d”,fen/10,fen% 10);
        }
        LCDloc (1, 9);
        printf (“%d%d”,miao/10,miao% 10);
        n=0;
    }
  }
```

步骤3：输入完程序后，将程序存盘。

2. 程序的编译与下载

程序的编译与下载具体操作过程可参照前面的相关任务。

接通电源，将看到在1602液晶显示屏上显示格式为“00:00:00”的电子时钟。

第二章 技能训练

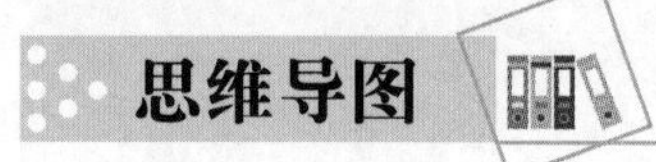

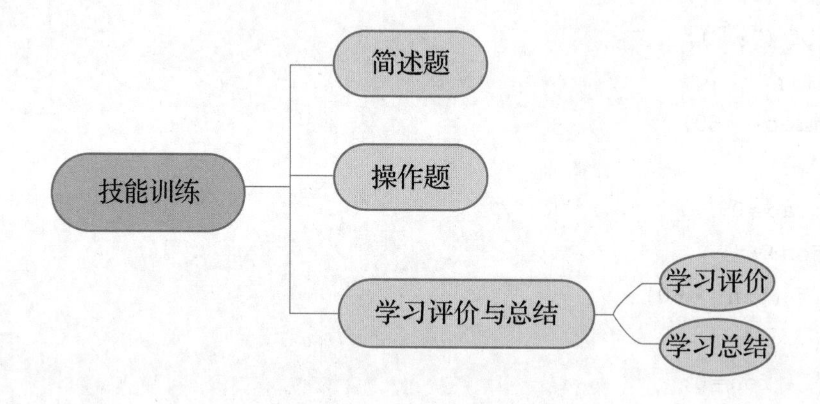

一、简述题

(1)什么是矩阵键盘？矩阵键盘与独立按键相比有哪些优点？

(2)矩阵键盘是如何被检测或扫描的？

(3)请选用其他方法编写矩阵键盘扫描程序。

(4)若使用定时器 0 工作方式 0，单片机的晶振频率为 12 MHz，需要定时器 5 ms 中断一次，则请问定时器的初值如何计算？TH0 和 TL0 应如何赋初值？

(5)请写出定时器初始化设置过程的步骤。

(6)定时器中断的 4 种方式各有什么区别？

二、操作题

(1)试编写一个 C 语言程序，要求把 P2.0、P2.1、P2.2、P2.3、P2.4、P2.5、P2.6、P2.7 改成分别与矩阵键盘中的 X0、X1、X2、X3、Y0、Y1、Y2、Y3 连接，其余条件不变，完成用矩阵键盘设定初始值的倒计时设计。

(2)试编写一个 C 语言程序，具体要求如下：用编码的方法设计一个用时钟中断实现的循环显示的倒 45 s 计时器，即数码管循环显示数字 45→01。(注意：请使用定时器 1 工作方式 0 来编写程序)

(3)编写程序，使用电脑仿真在图 4-16 中显示“2022. 10. 01”。

三、学习评价与总结

1. 学习评价(表 4-10)

表 4-10 学习评价

评价项目	项目评价与内容	分值	自我评价	小组评价	教师评价	得分
理论知识	Proteus 各项操作是否熟悉	10				
	C 语言各语句是否掌握	10				
	单片机按键检测是否掌握	10				
操作技能	原理图能否熟练画出	10				
	元件能否迅速找到	10				
	程序是否编写正确	10				
	程序能否调试、编译、下载	10				
学习态度	出勤情况及纪律	5				
	团队协作精神	10				
安全文明生产	工具的正确使用及维护	10				
	实训场地的整理和卫生保持	5				
综合评价		100				

2. 学习总结(表 4-11)

表 4-11 学习总结

成功之处	
不足之处	
如何改进	

三、学习评价与总结

1. 学习评价(表 4-10)

表 4-10　学习评价

评价项目	项目评价与内容	分值	自我评价	小组评价	教师评价	得分
理论知识	Proteus 各项操作是否熟悉	10				
	C 语言各语句是否掌握	10				
	单片机按键检测是否掌握	10				
操作技能	原理图能否熟练画出	10				
	元件能否迅速找到	10				
	程序是否编写正确	10				
	程序能否调试、编译、下载	10				
学习态度	出勤情况及纪律	5				
	团队协作精神	10				
安全文明生产	工具的正确使用及维护	10				
	实训场地的整理和卫生保持	5				
综合评价		100				

2. 学习总结(表 4-11)

表 4-11　学习总结

成功之处	
不足之处	
如何改进	